파리지앵
마카롱

파리지앵 마카롱

구성희 지음

팜파스

몇 년 전, 우연히 외국 서적에 실린
블링블링한 마카롱을 보고 한눈에 반해
마카롱이란 작은 과자가 무엇인지.
어떤 맛인지도 모르고 오븐 앞에서 씨름하던 것이
마카롱과의 인연의 시작이었습니다.

혼자서 연습하며 정말 많은 실패도 했었고,
보다 완벽한 마카롱에 욕심이 생기면 생길수록
다시는 마카롱을 만들고 싶지 않을 만큼 스트레스도 많이 받았습니다.

손으로 집으면 쉽게 부서져버리고.
껍질이 거의 없이 구워지거나 예쁜 프릴을 찾아볼 수 없는 날도 있었습니다.
납작하게 구워지거나 속까지 딱딱하게 익어버린
마카롱을 구워버려 속상했던 날도 있었습니다.
하지만…….

버리기 아까워 식탁 한 켠에 숨겨둔 마카롱을 맛보며
'이건 부드러워서 맛있다, 저건 바삭해서 맛있다'라며
말도 되지 않는 이유로 나를 토닥거려주고
맛있게 먹어주는 사람이 있었기에.
언젠간 제대로 된 맛있는 마카롱을 만들어 먹게 해주겠다는 생각으로
더욱 더 열심히 마카롱 만들기를 연습했습니다.

그래서 지금은 유명한 숍에서 사 먹는 마카롱보다
당신이 만든 마카롱이 최고라는 찬사까지 듣고 있습니다.

"마카롱은 만들기 너무 어려워요!"
맞아요. 마카롱은 만들기 까다로워요.
그건 제가 몸으로 직접 경험했던 사실이지요.

하지만 사람과의 거리가 좁혀지고,
서로 알아가고,
익숙해지는 데 시간이 필요하듯
마카롱도 그런 거예요.
그저 쿠키처럼 기분에 따라 내가 먹고 싶은 재료를 넣고
예쁘게 모양 잡아 구워내기만 하면 되는 것이 아니었어요.

사람마다 각기 다른 성격을 가지고 있듯
마카롱은 아주 예민하지만 감성적이고
강한 척하지만 속은 누구보다 여린
그런 친구와 같아요.
날씨에 따라 심통을 부리기도 하고
좋아하는 온도가 아니면 제 맘대로 삐뚤어지기도 하지만
내게 온전히 마음을 여는 날에는
수줍은 속내를 다 내 보이는 그런 친구입니다.

충분히 서로를 알아가는 시간을 가지고
내가 먼저 마음을 열고 다가간다면 마카롱은 분명,
당신에게 좋은 친구가 되어줄 거예요.
마음이 아주아주 힘든 날에는
그저 말없이도 위로가 되는 그런 친구 말이에요.
'누군가를 기쁘게 해주기 위해
오븐 앞에서 많은 시간을 보냈던 것처럼,
누군가 저와 같은 마음으로 사랑하는 사람에게
예쁜 마음을 담아 전달할 수 있다면
그러면 참 좋겠다!'

이런 소박한 마음을 담아 책으로 엮었습니다.

마음에 꼭 드는 마카롱을 만들기까지는
시간이 많이 필요하실 거예요.
하지만 분명, 그 시간이 아깝지 않으실 겁니다.

예쁜 마카롱과 함께하는 좋은 사람과의 티타임은
정말 멋진 시간이 될 테니까요.

– 구성희

마카롱을 만들며 많은 분이 실패를 경험합니다. 저 또한 그랬고요.
베이킹을 하면서 실패를 경험하는 요인은 사실 아주 사소한 실수에 있어요.
가령 스펀지 케이크를 굽고자 할 때 밀가루를
미리 체 쳐두지 않는 아주 작은 실수 같은 것 말이에요.
마카롱은 그만큼 만들기 까다로운 과자여서
조그마한 실수에도 예민하게 반응한답니다.

이 책을 엮으며 가장 중점을 둔 부분은 제가 처음 마카롱을 만들 때
저질렀던 사소한 실수들에 대해서입니다.
제가 겪었던 실수들을 반복하지 않도록
마카롱 만들기 팁을 알려드리고자 노력했습니다.
재료를 준비하고 작업을 하는 과정에서
때론 번거로운 부분이 있을 수 있지만 놓치기 쉬운 사소한 실수들을
하나씩 줄여나간다면 분명 실패 없는 멋진 식감의
마카롱을 만들 수 있을 거예요.

Contents

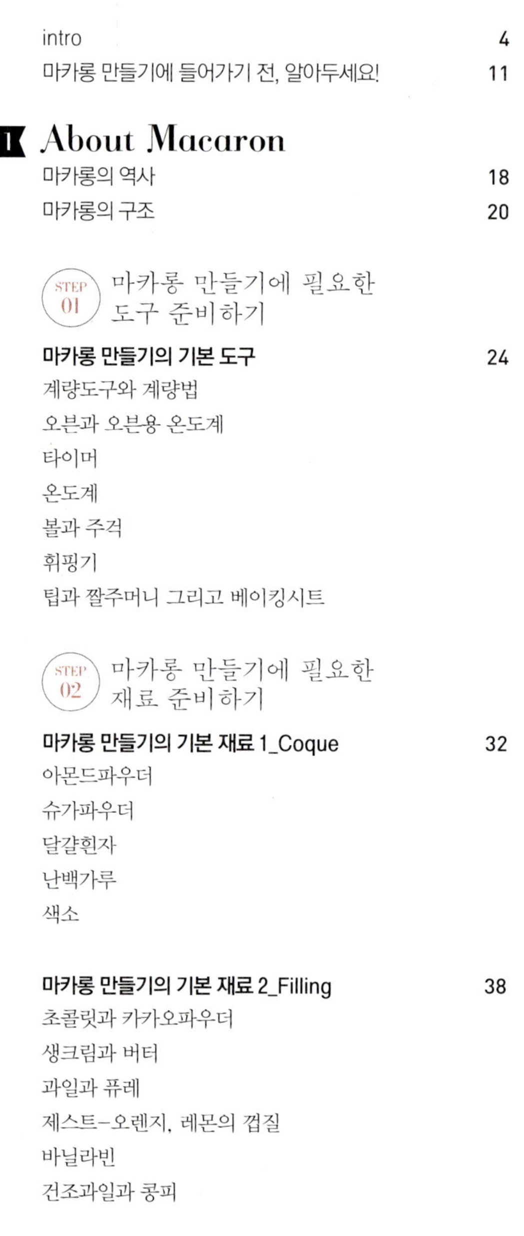

PART 3 쁘띠 마카롱

SPECIAL PAGE 개성 가득 마카롱 데코레이션 팁 알고가기!

동글동글 단추무늬 마카롱
귀여운 하트모양 마카롱
러블리 하트무늬 마카롱
두가지 컬러의 마블링마카롱

라뒤레
레 마키즈 드 라뒤레
피에르 에르메
포숑
로셀
안젤리나
스토레
미쉘클뤼젤

About
MACARON

마카롱의 역사

마카롱이란 아몬드, 달걀흰자, 설탕으로 만들어진 작은 과자를 말합니다. 그럼 이 마카롱은 어디에서 맨 처음 만들었을까요? 마카롱 하면 떠오르는 프랑스일까요? 아닙니다. 사실 마카롱 최초의 역사는 우리가 흔히 알고 있는 프랑스가 아닌 이탈리아에서 시작됩니다.
아몬드, 달걀흰자, 벌꿀로 제조되었던 이탈리아의 아몬드 과자.
'섬세한 고운반죽'이라는 뜻의 '마께로네'라고 불리던 과자가 바로 최초의 마카롱이었습니다.

겉은 바삭하고 속은 촉촉한 이 작은 아몬드 과자가 프랑스의 식탁에 등장하게 된 계기는 프랑스의 왕 앙리 2세에게 시집 온 이탈리아 피렌체 메디치가문의 카트린 드 메디치에 의해서입니다.
더 정확하게는 카트린 공주가 시집 올 때 데리고 온 요리사로부터 이 아몬드 과자의 배합표가 프랑스에 전해지게 되었다고 할 수 있습니다.
달콤하고 재미있는 식감이 매력적인 이 아몬드 과자는 많은 귀족과 상류층의 사랑을 독차지하게 되었고, 수도원과 소수의 제과인들에게만 제조가 허락된 아무나 만들고 마음대로 접할 수 없는 그들만의 비밀스런 디저트가 되었습니다. 하지만 비밀은 조금씩 다양한 방법으로 각 지방으로 전해졌고, 대중들의 사랑을 받으며 빠르게 프랑스 전국 각지로 퍼져나가게 되었습니다.

각 지방의 특성을 살려 다양한 방법으로 제조되면서 다채로운 맛과 모양의 마카롱이 탄생되었는데 그 종류로는 아몬드 대신 헤이즐넛을 사용한 마시악 마카롱, 와인이 들어간 보르도지방의 생테밀리옹 마카롱, 배꼽과 같은 독특한 모양의 코메리 마카롱 등이 있습니다.
낭시지방의 낭시수도원에서는 이 아몬드 과자를 마카롱이라고 불렀는데 그

명칭이 사람들의 입을 통해 전해지게 되면서 현재
의 마카롱이라는 이름이 자리 잡게 되었습니다.

처음의 마카롱은 코크만을 구워 먹는 과자였다고
합니다. 지금처럼 동그랗고 표면이 매끈한 두 개의 코크
사이에 필링을 샌드한 샌드위치 모양의 마카롱은 파리지앵 Parisien
또는 리스 Lisse 라고 불리며, 프랑스 파리지역에서 처음 소개되어 현재에 이
르게 되었습니다.

 마카롱을 만드는 사람들은 입을 모아 말합니다.
"마카롱 만들기는 까다로워요!"

한손에 쏘옥 들어오는 이 작은 마카롱이라는 과자가 만들기 까다로운 이유
는 무엇일까요?
훌륭한 마카롱을 만들기 위해서는 많은 경험과 연습이 무엇보다 중요하지
만, 마카롱을 만들기에 앞서 마카롱을 이루는 재료가 가지는 특징과 역할 그
리고 마카롱이 만들어지는 원리를 먼저 이해해야 합니다. 원리를 이해하고
기본에 충실한 자세로 도전한다면 마카롱 만들기가 그리 어렵지만은 않다는
것을 알게 될 거예요.

마카롱의 구조

코크 Coque

코크란 아몬드파우더와 슈가파우더, 계란흰자로 만들어지는 '껍질'이라는 뜻을 가진 마카롱의 쉘 부분을 이르는 말이에요. 입 안에 넣었을 때 껍질은 바삭하게 부서지며 속은 부드러운 식감을 가지고 있답니다.

피에 Pied

'다리' 또는 '발'이라는 의미를 가진 마카롱 쉘 바닥 부분의 주름을 이르는 말입니다. 마카롱을 건조하고 굽는 과정에서 생기는 것으로 쉘의 윗면이 적절하게 건조된 상태에서 오븐의 열기를 받았을 때, 팽창된 안쪽의 반죽이 건조되어진 껍질을 뚫고 나가지 못하면서 껍질보다 약한 바닥면으로 반죽이 부풀어 오르게 됩니다. 이때 부풀어 오르는 코크의 바닥 부분에 주름이 형성되는데 이 부분을 '피에'라고 부릅니다. 너무 오랜 시간 건조시켰을 때에는 안쪽의 반죽까지 건조되어 피에가 생기지 않게 됩니다.

필링 Filling

마카롱 쉘과 쉘 사이에 샌드되는 '크림Cream'을 말합니다. 콩포드, 가나슈, 버터크림 등 다양한 크림의 사용이 가능하고 어떤 크림을 샌드하느냐에 따라 마카롱의 전체적인 맛과 향이 결정됩니다. 파리지앵의 마카롱이 많은 인기를 얻고 있는 이유 중 하나가 샌드되는 크림에 따라 마카롱에 다양한 개성과 맛을 표현할 수 있다는 장점 때문이기도 합니다.

코크
피에
필링

마카롱 만들기에 필요한 도구 준비하기

마카롱을 만들기 위한 첫 번째 과정은 바로, 마카롱을 만들기에 적합한 도구를 준비하는 일입니다. 마카롱을 만드는 과정 중에 도구를 준비하느라 서두르는 일이 없도록, 필요한 도구를 미리 준비해두어 바로 사용할 수 있도록 하는 것이 좋습니다.

마카롱 만들기의 기본 도구

계량도구와 계량법

제과에 있어 정확한 계량은 무척이나 중요한 과정입
니다. 계량을 할 때에는 계량저울을 사용해 정확한 무
게를 재어야 합니다. 특히나 마카롱이라는 이 작은 과
자는 추가되는 재료에 무척 민감하게 반응해 단 몇 그
램의 차이로 전혀 다른 결과물이 만들어지기도 합니
다. 그렇다고 다른 재료를 전혀 넣을 수 없는 것은 아
닙니다. 다만, 내가 좋아하는 향이나 맛의 다른 재료를
넣고자 할 때에는 한꺼번에 마음대로 양을 정해 넣는
것이 아니라 1g, 2g씩 재료를 늘려가며 레시피를 수정
해야 합니다. 예를 들어 내가 녹차 향을 좋아한다고 해
서 코크반죽의 레시피에 녹차가루를 한 스푼 넣는 것
이 아니라 2g의 녹차가루를 넣어 구워보고 마카롱의
상태를 확인한 후 다시 1g을 늘려보는 식으로 수정해
나가야 합니다. 사용하는 각 재료의 특성을 잘 살펴보
고 추가되는 재료와 기존 재료의 배합을 조금씩 수정
하고 보완해나간다면 자신만의 멋진 레시피를 완성할
수 있습니다.

오븐과 오븐용 온도계

제과를 시작하기 전에 필수적인 도구 중 하나가 바로 오븐입니다. 어떤 오븐을 사용하느냐는 사실 중요하지 않습니다. 물론 고가의 훌륭한 시스템을 갖춘 오븐을 사용할 수 있다면 좋겠지만 그러기 쉽지 않은 것이 현실입니다. "어떤 오븐을 사용하는가"보다 더 중요한 것은 "내가 가지고 있는 오븐이 어떤 특징을 가지고 있는가"를 알고 있는 것이 더더욱 중요합니다. "오븐의 열선이 어떻게 지나가는가?", "어느 자리가 열이 센가 혹은 약한가?", "설정해놓은 온도에 정확하게 도달하는가?" 내가 가지고 있는 오븐을 제대로 알기 위한 방법으로는 오븐 안에 오븐용 온도계를 두고 사용하는 것입니다. 다이얼이나 버튼으로 오븐 온도를 설정해두었다고 해서 오븐이 알아서 척척 그 온도를 맞추어주지 않습니다. 전압에 따라서도 매일매일 오븐 온도는 수시로 변합니다. 그래서 저도 매번 마카롱을 구울 때마다 오븐 안에 넣어둔 오븐용 온도계로 온도를 체크하는 일을 게을리하지 않습니다. 내 오븐과 친해지는 일, 그것이 시작입니다.

타이머

마카롱은 아주 작고 납작한 모양으로 머랭의 기포를 이용해 굽는 과자입니다. 그래서 온도에 아주 예민하게 반응합니다. 오븐의 온도를 어떻게 맞추고 설정하는지도 중요하겠지만 굽는 시간을 정확하게 지키는 것 또한 무척 중요한 일입니다. 단 1분 차이로 덜 구워질 수도, 또는 너무 많이 구워질 수도 있습니다. 제품이 가장 적절하게 잘 구워지는 온도와 시간을 체크하고 타이머를 이용해 굽고자 하는 시간만큼 정확하게 시간을 재어 구워내는 것이 좋습니다.

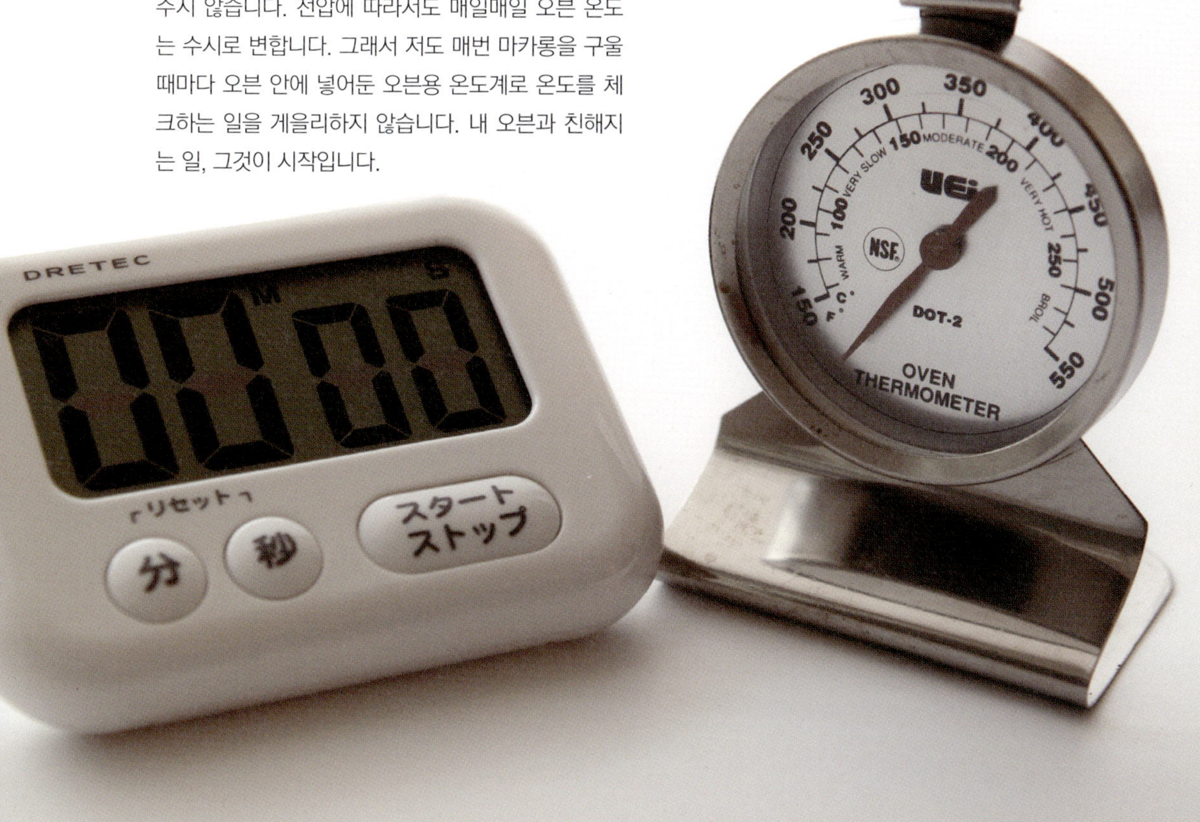

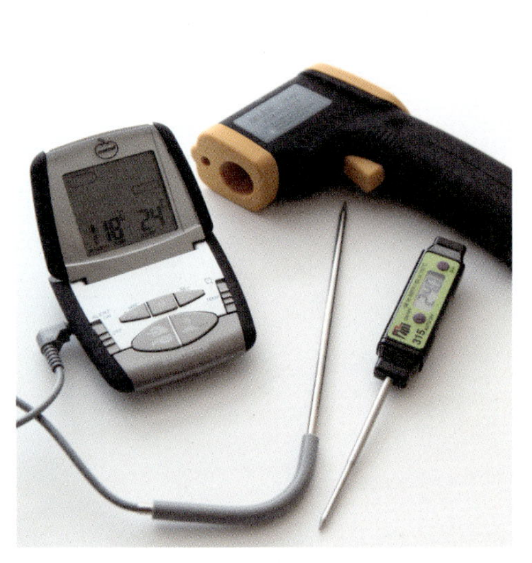

온도계

재료의 온도를 재는 도구로는 온도계를 사용합니다. 온도계의 종류로는 크게 나누어 재료에 직접 온도계를 꽂아 사용하는 막대온도계와 레이저를 쏘아 재료의 온도를 재는 레이저온도계로 나눌 수 있습니다. 이탈리안 머랭을 만들 때 들어가는 118℃ 시럽의 경우 높은 온도로 팔팔 끓고 있는 재료이므로 막대온도계를 사용하는 것이 속의 온도까지 알 수 있어 좀 더 정확한 온도를 재기에 적합합니다. 레이저온도계는 표면 온도를 재는 데 사용하는 것으로 천천히 온도가 오르는 재료의 온도를 재기에 적합합니다.

볼과 주걱

동그랗고 통통한 마카롱을 만들기 위해서는 마카로나주라는 과정을 거쳐야 합니다. 마카로나주란, 힘 있게 기포를 올린 머랭을 다른 재료와 섞으며 부드럽게 기포를 죽이는 과정을 말합니다. 이 과정을 위해서는 넓고 큰 볼과 납작한 주걱이 필요합니다. 볼은 양철이나 유리, 플라스틱 어떤 재질이든 상관없지만 적당히 넓은 사이즈를 가지고 있어야 반죽을 다루기가 쉽습니다. 주걱은 너무 빳빳하지 않은 고무 재질의 넓은 주걱이 사용하기에 적당합니다. 나무주걱이나 너무 빳빳한 재질의 주걱, 폭이 좁은 주걱은 머랭을 고르게 만지기에 무리가 있으므로 사용하지 않는 것이 좋습니다. 주걱을 대신해 사용할 수 있는 도구로는 카드(스크래퍼)가 있습니다. 카드는 탄력이 있는 부드러운 플라스틱 재질로 손잡이가 없는 반달 모양을 하고 있습니다. 보통 볼에서 반죽을 깨끗이 긁는 용도로 사용되는데, 주걱보다 면이 넓은 카드를 사용해 마카로나주를 하게 되면 좀 더 고르고 세심하게 머랭을 만들 수 있습니다.

휘핑기

마카롱 제조에 들어가는 머랭을 만들기
위해서는 흰자에 공기를 포집해 거품을
낼 수 있는 도구인 휘퍼기가 필요합니다.
적은 양의 머랭을 만들고자 할 때에는 거
품기를 사용해 손휘핑을 하실 수 있는데
손휘핑으로 머랭을 만들 때 간혹 능숙하
게 휘핑하지 못해 기포가 고르지 않거나,
머랭이 단단하지 않은 경우가 있으니 주
의해야 합니다. 많은 양의 머랭을 만들
경우에는 핸드믹서나 스탠드믹서를 사용
하는 것이 편리합니다.

팁과 짤주머니 그리고 베이킹시트

반죽을 완성했다면, 둥근 팁을 끼운 짤주머니에 반죽을 담아주어야 합니다. 둥근 팁은 1mm별로 사이즈가 다양하게 있는데, 저는 주로 1cm의 팁을 사용하고 있습니다. 손의 힘이 강해 아무리 작은 크기의 마카롱을 만들려고 해도 마음처럼 되지 않는다면 7mm나 8mm의 팁을 사용해도 좋고, 손힘이 부족해 반죽을 짜는 일이 힘이 든다면 1cm보다 큰 사이즈의 팁을 사용해도 좋습니다. 작은 사이즈의 마카롱을 만들고자 한다면 작은 크기의 팁을, 큰 사이즈의 마카롱을 만들고자 한다면 조금 큰 크기의 팁을 사용하면 됩니다. 이처럼 팁의 크기에 구애받지 말고 사용하기에 편한, 만들고자 하는 마카롱 사이즈에 알맞은 크기의 팁을 사용하면 됩니다

짤주머니는 비닐로 된 일회용 짤주머니와 계속 씻어서 사용이 가능한 천 짤주머니가 있습니다. 둘 중 어떤 종류의 짤주머니를 사용해도 무방합니다. 비닐로 된 짤주머니는 일회용으로 재사용하지 않도록 하고, 천으로 된 짤주머니는 삶아 소독하여 청결에 주의해서 사용해야 합니다. 팁을 끼운 짤주머니에 반죽을 담았다면 이제 반죽을 예쁘게 짜주는 일이 남았습니다. 보통은 유산지와 같은 쿠킹페이퍼를 재단해 팬닝을 하기도 하지만 마카롱을 팬닝할 때에는 테프론시트와 같은 베이킹시트를 사용하는 것이 좋습니다. 쿠킹페이퍼를 절대 사용하면 안 된다는 것은 아니지만 쿠킹페이퍼는 마카롱의 수분을 흡수할 수 있어 피하고 있습니다. 또한 베이킹시트를 사용하게 되면 마카롱을 굽고 난 후 쿠킹페이퍼를 사용했을 때보다 더욱 깨끗하게 분리할 수 있고, 사용 후에는 깨끗이 닦아 재사용이 가능하므로 저는 베이킹시트를 오븐팬 사이즈에 맞게 재단해 사용하고 있습니다.

마카롱 만들기에 필요한 재료 준비하기

마카롱 만들기를 실패하는 요인으로 잘못된 재료의 선택과 준비가 그 원인이 될 수 있습니다. 재료를 준비하기에 앞서 각각의 재료가 가진 특징과 표현해내는 맛을 정확히 이해하고 준비한다면 보다 훌륭한 마카롱을 만들 수 있습니다.

마카롱 만들기의 기본 재료 1

Coque 코크

아몬드파우더

마카롱 코크를 만드는 데 있어 아몬드파우더는 매우 중요한 재료입니다. 아몬드파우더를 고를 때에는 유분기가 적고 입자가 고운 것을 고르는 것이 좋습니다. 유분기가 적은 아몬드파우더는 손으로 뭉쳤을 때 덩어리의 뭉침이 적으며 색상이 아이보리 색으로 뽀얀 편입니다. 껍질을 제거한 백통아몬드를 직접 구워 곱게 갈아서 사용하는 방법도 있지만 갈아줄 때 유분기가 배어나오는 것에 주의하여야 합니다. 유분이 많은 아몬드파우더를 사용하게 되면 마카로나주를 할 때 머랭이 쉽게 사그라져 반죽이 질척해질 수 있습니다. 또한 오래되거나 보관상태가 좋지 않은 아몬드파우더를 사용했을 때에는 코크에 유분이 새어나와 얼룩이 지는 현상이 있을 수 있으니 항상 신선한 아몬드파우더를 사용하도록 합니다. 매끈하고 광택이 나는 마카롱의 표면을 만들기 위해서 아몬드파우더를 슈가파우더와 함께 푸드프로세서에 갈아서 사용하는 방법이 있지만, 마카롱클래스를 진행하며 느낀 바로는 보통 어느 정도 선에서 갈기를 끝내야 하는지를 놓쳐 유분기가 배어나올 정도로 갈아버리는 경우를 종종 접하였습니다. 가장 편안하고 아몬드의 유분기에서 자유로운 방법으로 마카롱을 만들려면 유분이 적은 아몬드파우더를 구입하여 바로 갈지 않고 체에 한 번 내린 후 체를 통과하지 못하는 큰 덩어리만을 푸드프로세서에 갈아 사용하는 것이 좋습니다.

슈가파우더

분당이라고도 불리는 슈가파우더는 순도가 높은 굵은 설탕을 미세한 분말로 분쇄하여 만든 것으로 전분을 3~5% 정도 첨가한 제품과 100% 설탕으로 만들어진 제품의 두 가지가 있습니다. 전분이 섞인 슈가파우더는 수분의 흡수 정도가 덜하기 때문에 덩어리가 지지 않아 사용하기에는 편리하나, 전분의 함유량이 높으면 마카롱의 표면에 금이 가는 현상이 있을 수 있어 마카롱 제조 시에는 100% 슈가파우더를 사용하는 것이 좋습니다. 100% 슈가파우더는 수분을 흡수하는 성질 때문에 뭉침이 심해 덩어리질 수 있으니 사용하기 전에 체에 내리거나 갈아서 사용하는 것이 좋습니다.

달걀흰자

달걀을 깨어 흰자를 살펴보면 점성이 강하고 끈기와 탄력이 있는 농후 난백과 점도가 낮은 수양성 난백이 존재합니다. 마카롱을 만들 때에는 노른자와 분리한 흰자를 냉장고나 실온에 며칠씩 보관한 후 사용하기도 하는데, 이는 농후 난백이 시간이 경과함에 따라 부드럽게 풀어져 수양성 난백으로 변하게 되기 때문입니다. 반죽에 흰자를 섞을 때 조금 더 매끈하게 섞을 수 있는 방법으로 사용되지만 신선도가 걱정된다면 노른자와 분리한 흰자를 거품기로 휘저어 뭉침이 없는 부드러운 상태로 풀어주고 거품과 알끈을 제거한 뒤 하루 이틀 냉장고에 보관해 두는 방법으로 점성을 낮추어 사용할 수 있습니다.

난백가루

난백가루란 계란의 흰자를 건조분말 상태로 만들어 놓은 가루입니다. 머랭을 만들고자 흰자를 휘핑할 때 소량의 난백가루를 넣어줌으로써 조금 더 안정되고 단단한 머랭을 만들 수 있습니다.

색소

시선을 사로잡는 화려한 컬러는 마카롱이 많은 사랑을 받는 이유 중 하나라고 할 수 있습니다. 마카롱에 색을 내는 재료로는 천연색소와 식용색소로 분류할 수 있는데 천연색소는 천연의 재료를 사용해 은은한 향과 맛을 가지고 있는 반면, 색이 선명하지 못하다는 단점을 가지고 있습니다. 식용색소는 선명한 색을 낼 수 있다는 장점이 있지만 인공적인 색소라는 점에서 거부감을 느끼는 분들이 있습니다. 마카롱을 만들 때 사용되는 색소는 식약청의 허가를 받은 식용색소를 소량 사용하는 것이기 때문에 크게 염려할 필요는 없지만, 이것은 개인적인 취향의 차이이기 때문에 본인의 취향에 맞게 선택해 사용하면 됩니다. 천연색소를 사용해 레드계열을 만들고자 할 때에는 레드 계열의 과일분말과 소량의 코코아파우더를 사용해 색을 낼 수 있고, 옐로우계열의 색을 내고자 할 때에는 커피농축액을 사용할 수 있습니다. 녹차가루나 자색고구마분말, 백련초분말 등을 사용해 다양한 자연의 색을 만들어낼 수도 있습니다.

Icing Colors
Rose
concentrated paste
Colorants à glace
Rose
pâte concentrée
Ingredients:
Corn Syrup,
erine, Water,
Colors
Yellow
Gums,
Sorbate & Citric
Lot no.
à glace

마카롱 만들기의 기본 재료 2

Fillinge 필링

초콜릿과 카카오파우더

이 책에서 초콜릿은 마카롱 코크 사이에 샌드하는 가나슈 필링으로 주로 사용하고 있습니다. 필링은 마카롱의 맛을 결정짓는 중요한 크림으로, 사용하는 초콜릿 또한 고급 초콜릿을 사용해야 제대로 된 깊은 맛을 표현할 수 있습니다. 고급 초콜릿이란, 카카오 함량이 설탕과 비슷하거나 높고 지방성분이 100% 카카오버터로만 이루어진 초콜릿을 말합니다. 지방성분 중 카카오버터 외에 대용유지가 들어간 초콜릿은 준 초콜릿으로서 고급 초콜릿에 비해 입 안에 남는 맛이 깔끔하지 못합니다. 초콜릿의 종류는 크게 다크 초콜릿, 밀크 초콜릿, 화이트 초콜릿으로 나눌 수 있습니다. 다크 초콜릿은 초콜릿 중 카카오 함량이 가장 높아 색도 가장 진하고 쌉싸름한 풍미도 가장 강합니다. 보통 카카오 함량 50% 이상의 다크 초콜릿이 달콤하면서도 쌉싸름한 가장 이상적인 맛을 표현할 수 있으며, 카카

오 함량이 더 높은 다크 초콜릿도 시중에 다양하게 나와 있으니 본인의 입맛에 맞는 초콜릿을 사용하면 됩니다. 밀크 초콜릿은 분유가 들어가 쌉싸름한 맛이 줄고 우유의 부드러운 맛을 가지고 있어 보편적으로 가장 편하게 즐기는 초콜릿입니다. 다크 초콜릿과 화이트 초콜릿의 중간 정도의 달콤함과 쌉싸름함을 가지고 있다고 생각하면 됩니다. 화이트 초콜릿은 카카오매스가 들어가지 않고 카카오버터와 우유, 설탕이 들어가 초콜릿 중 가장 부드럽고 달콤하다는 특징을 가지고 있습니다. 고급 화이트 초콜릿은 카카오버터의 아이보리색을 띠고 있으며, 대용유지가 들어간 준 화이트 초콜릿은 하얀색을 띠고 있어서 색으로도 구분할 수 있습니다. 카카오파우더는 카카오매스를 압착, 분쇄, 건조시킨 가루로 단맛이 없습니다. 일반 음료의 코코아파우더와는 구성 성분이 다르니 혼동해 사용하지 않도록 합니다.

생크림과 버터

생크림이란, 우유의 지방을 원심분리하여 농축한 것으로 100% 우유에서 추출한 유지방 38%의 생크림인지를 확인하고 사용해야 합니다. 100% 우유를 원료로 추출한 생크림을 동물성 생크림이라고 부르는데, 맛이 깊고 풍부해 가나슈를 만들기에 가장 적합합니다. 식물성 생크림은 유지방의 일부나 전부를 식물성 지방으로 대체해 제조된 생크림으로 맛의 깊이와 풍미가 떨어져 마카롱의 필링을 만들기에는 적합하지 않습니다. 동물성 생크림을 보관할 때에는 항상 깨끗하게 밀봉된 상태로 5℃ 이하의 온도로 냉장보관해 사용해야 합니다.

버터란, 우유의 유지방을 모아 응고시킨 것으로, 유지방분과 수분으로 구성됩니다. 마카롱의 버터크림 필링을 만들 때 주재료가 되는 버터는 반드시 가공 마가린버터가 아닌 천연버터를 사용해야 버터크림의 깊은 풍미를 살릴 수 있습니다. 천연버터는 소금이 첨가되지 않은 무염버터와 소금이 들어간 가염버터로 나누어지는데, 버터크림을 만들 때에는 소금의 양 조절이 어려운 가염버터보다는 소금이 들어가지 않은 무염버터를 사용하는 것이 좋습니다. 천연버터는 보존료와 같은 합성첨가물이 전혀 들어가지 않은 천연 유지이기 때문에 오랫동안 공기중에 노출되면 지방이 산화되어 향이 변하기 쉽습니다. 그래서 버터를 보관할 때에는 밀봉하여 냉장보관하는 것이 좋습니다.

과일과 퓌레

마카롱 사이 필링과 함께 생과일이 어우러진 먹음직
스럽고 사랑스런 쁘띠 마카롱을 한 번쯤 본 적이 있을
것입니다. 싱싱한 제철과일은 당도가 좋아 마카롱에
달콤한 필링과 함께 그대로 올려 즐겨도 좋고, 즙을 내
어 필링에 첨가해주면 과일 향을 풍부하게 느낄 수 있
습니다. 제철과일을 활용하기 힘든 계절에는 냉동과
일로 잼이나, 과실을 살린 콩포트를 만들어 필링 사이
에 첨가해도 좋습니다. 우리나라에서 생과일로 구하
기 힘든 과일은 퓌레제품으로 쉽게 만날 수 있습니다.
퓌레란, 과일을 갈아 약간의 당 처리 후 냉동해놓은 제
품으로 제과몰에서 구입할 수 있습니다. 냉동으로 보
관하는 제품이라 보존성이 좋아 다양한 과일크림을
만들 때 활용도가 무척 좋습니다.

제스트—오렌지, 레몬의 껍질

생오렌지와 생레몬의 껍질인 제스트를 필링에 사용하
면 상큼한 과일 향을 보다 풍부하게 느낄 수 있습니다.
단, 생과일의 껍질을 사용하는 경우에는 묻어 있는 먼
지나 농약을 꼼꼼하게 제거한 후 사용해야 합니다. 굵
은 소금으로 껍질을 문질러 씻은 후 베이킹소다로 다
시 한 번 문질러 씻거나 식초와 소금을 넣은 물에 잠깐
넣어두면 농약을 손쉽게 제거할 수 있습니다.

바닐라빈

바닐라빈이란, 난초과의 덩굴식물 열매로 특유의 달콤한 향과 함께 풍부한 바닐린 향을 가지고 있습니다. 열매를 녹색인 상태에서 수확하여 증기를 이용한 발효와 건조 과정을 거치면 진한 어두운 갈색으로 변하게 되는데, 이때부터 풍부한 향을 함께 가지게 됩니다. 열매를 갈라 안에 있는 작은 씨앗을 긁어 사용하고, 열매 그대로도 향이 무척 좋아 우려내는 재료에 함께 사용하면 보다 풍부한 향을 느낄 수 있습니다. 바닐라빈은 모양이 통통하고 윤기가 흐르는 것을 구입하여 사용하는 것이 좋습니다.

건조과일과 콩피

건조과일은 과일의 수분을 날려 건조시킨 것입니다. 프랑스어로 설탕에 절인다는 뜻을 가지고 있는 콩피는 대표적인 것으로 오렌지콩피와 레몬콩피가 있습니다. 마카롱 필링 사이에 건조과일이나 콩피를 넣어 씹는 맛을 살려준다면 더욱 재미있고 달콤한 마카롱이 될 것입니다.

견과류

피스타치오나 헤이즐넛, 아몬드, 호두 등을 구운 후 마카롱에 데코로 사용하거나 필링 사이에 첨가해주면 고소한 향과 씹는 맛을 함께 즐길 수 있습니다.

TIP 〈 **바닐라 럼**

사용하고 남은 바닐라빈을 40℃ 정도의 높은 도수를 가진 럼에 담가 그늘진 곳에 보관하면 바닐라빈의 은은한 향이 배어 나온 바닐라 럼을 만들 수 있습니다. 바닐라 럼은 달걀의 잡내를 잡아주는 역할을 하여 더욱 풍미가 좋은 제품을 만들 수 있도록 도와줍니다. 사용하고 남은 바닐라빈은 그냥 버리지 마시고 럼에 담가 수제 바닐라 럼으로 만들어 사용해보세요.

전화당

사탕수수나 사탕무에서 얻은 이당류를 산이나 효소로 가수분해하게 되면 포도당과 과당이 얻어지는데, 이 포도당과 과당의 혼합을 전화당이라고 합니다. 액체 상태로 되어 있는 전화당은 고체 상태인 설탕보다 재결정화가 낮고 당도가 높습니다. 또한 수분을 보유하려는 흡습성이 뛰어나며 용해도가 높아 제과에 흔히 사용되고 있습니다. 크림이나 초콜릿 가나슈 제조 시에 사용되는 전화당은 광택을 나게 도와주며 보존력을 높여주어 보다 부드러운 가나슈를 완성할 수 있도록 하는 역할을 합니다.

리큐르

과일을 증류해 향을 낸 브랜디의 일종으로 과일이 베이스가 되는 크림이나 가나슈에 소량 첨가해주면 보존력이 좋아지고 향이 풍부해집니다. 체리를 발효 증류한 키르슈, 오렌지 필을 증류한 꼬앵트로와 그랑 마니에 등 다양한 종류의 리큐르가 있습니다.

홍차와 허브

향이 좋은 홍차나 허브를 우려내어 필링을 만들면 차 향이 필링에 함께 스며들어 더욱 깊은 맛을 즐길 수 있습니다.

마카롱 코크 만들기

마카롱이 만들기 까다롭다고 하는 이유는 대부분 코크 만들기에 있다고 해도 과언이 아니에요. 그만큼 완성된 반죽의 질감이나 건조 과정, 굽는 과정 모두가 중요하답니다. 마카롱 코크를 만드는 과정 중 놓치기 쉬운 팁들을 꼼꼼히 정리했어요. 하나하나 천천히 이해하고 따라 한다면 분명 멋진 식감의 마카롱을 만들 수 있을 겁니다.

코크 Coque 만들기

머랭과 마카로나주에 대한 이해

본격적인 마카롱 코크 만들기에 앞서 머랭과 마카로나주에 대해서 좀 더 자세히 알아보겠습니다. 이상적인 마카롱 코크를 만드는 데 있어 머랭 만들기와 마카로나주는 무엇보다 중요한 과정입니다.

머랭을 제대로 만들었는지 아닌지 여부에 따라서, 또한 완성된 마카로나주의 상태에 따라서 구워진 마카롱 코크의 완성도가 결정되므로, 꼼꼼하게 읽고 이해하는 것이 중요합니다.

머랭

머랭이란, 흰자를 거품 낸 상태를 말하는 것으로 난백의 기포성을 이용한 것입니다. 장력이 약한 흰자를 휘저어 섞으면 쉽게 공기를 포집하여 기포가 생기게 되는데, 이를 통칭하여 머랭이라고 부릅니다. 머랭은 만드는 방법에 따라 프렌치 머랭, 스위스 머랭, 이탈리안 머랭의 세 가지 종류로 나뉩니다. 만드는 방법을 간단하게 살펴보자면, 프렌치 머랭은 흰자를 부드럽게 거품을 올리며 설탕을 넣어 기포를 안정시킨 머랭을 말합니다. 스위스 머랭은 흰자에 설탕을 넣고 중탕으로 데운 후 거품을 내는 방법의 머랭을 말합니다. 이탈리안 머랭은 설탕에 물을 넣고 졸인 시럽을 거품 낸 흰자에 넣어 기포를 안정시킨 머랭을 말합니다.

만드는 방식이 다르듯 머랭의 텍스처도 다르게 만들어지는데 프렌치 머랭은 끈기가 강하지 않고 부드러우며, 스위스 머랭은 끈기와 탄력이 강합니다. 이탈리안 머랭은 기포의 안정도가 높습니다. 일반적으로 마카롱에 가장 많이 사용하는 머랭으로는 부드러운 식감을 가진 프렌치 머랭과 기포의 안정도가 높은 이탈리안 머랭을 꼽을 수 있습니다.

마카롱 코크 만들기에서 사용되는 머랭은 마카롱의 베이스라고 할 수 있는데, 어떠한 종류의 머랭을 사용하느냐에 따라 식감이 달라질 수 있으니 각각의 방법으로 만들어 입맛에 맞는 마카롱을 즐기면 됩니다.

어떠한 제조법의 머랭을 만들더라도 기본적인 주의사항은 다음과 같습니다.

- 기름기와 수분은 흰자가 기포를 내는 것을 방해하므로 흰자를 거품 내는 볼이나 도구는 항상 깨끗하고 완벽히 건조되어진 상태에서 사용해야 합니다.
- 노른자 또한 유지를 포함하고 있어 흰자의 기포 생성을 방해하므로 흰자와 노른자를 분리할 때에는 흰자에 노른자가 들어가지 않도록 주의해야 합니다.

마카로나주

마카로나주란, 마카롱 반죽을 만드는 과정 중 거품 올린 머랭과 아몬드파우더, 슈가파우더를 포함한 기타 재료를 섞는 '반죽 섞기 과정'을 말합니다. 즉 머랭과 다른 재료를 조심스럽게 섞으면서 적당히 머랭의 거품을 사그라뜨려 마카롱 코크를 만드는 최적의 상태로 반죽을 섞는 것인데, 머랭을 만드는 방법이 종류에 따라 다르듯이 각각의 머랭에 따른 마카로나주 방법에도 조금씩 차이가 있습니다. 그러나 프렌치 머랭이나 이탈리안 머랭 등 어떠한 머랭을 사용하더라도 마카로나주를 완성했을 때 반죽의 상태는 너무 되직해도, 반대로 너무 질어도 안 됩니다.

좋은 반죽의 상태는 머랭이 사그라들며 생긴 액체로 인해 반죽에서 윤기가 흐르고, 반죽을 듬뿍 들어 떨어뜨렸을 때 끊어지지 않으면서 한 줄로 떨어지고, 떨어진 반죽의 자국이 리본을 그리며 선명하게 남아 있다가 서서히 사라지는 상태여야 합니다. 기존의 반죽과 자연스럽게 합해지는데 어느 정도의 시간이 걸리는, 반죽에 적당한 힘이 남아 있는 상태가 좋습니다.

마카로나주가 부족해 반죽이 되직할 경우에는 반죽에서 윤기가 흐르지 않고 반죽을 떨어뜨렸을 때 덩어리째 떨어지게 됩니다. 마카로나주가 오버되어 질척해진 반죽의 경우에는 반죽을 떨어뜨렸을 때 자국이 거의 남지 않으며, 힘이 없이 주르륵 흐르는 느낌이 들 수 있습니다. 아무리 머랭을 완벽한 상태로 만들었다 하더라도 반죽을 섞는 과정인 마카로나주가 제대로 되지 않았다면 완성도 높은 마카롱을 만들 수 없습니다.

좋은 마카로나주의 상태는 꾸준한 연습을 통해 눈과 손끝의 감각으로 익혀야만 합니다. 원재료의 상태나 만들어지는 머랭의 상태가 매번 같을 수 없기 때문에 횟수나 시간을 정해 주걱질을 하는 마카로나주의 방법은 올바르지 않습니다. 그때그때 반죽의 변화를 관찰하면서 좋은 반죽의 상태를 몸의 감각으로 익히는 것이 중요합니다. 마카롱 만들기에 있어 가장 많은 연습과 노력이 필요한 부분입니다.

프렌치 머랭과 그에 따른 마카로나주의 방법

흰자에 설탕을 넣어 거품 올린 머랭에 체 친 아몬드파우더와 슈가파우더를 나누어 넣고 부드럽게 섞어 반죽을 완성하는 것이 프렌치 머랭을 이용한 마카롱 만들기의 방법입니다. 머랭은 만드는 방법에 따라 가지게 되는 끈기의 정도가 다릅니다. 끈기가 강한 머랭으로 만든 마카롱은 속이 비는 경우가 있기 때문에 좋은 상태의 마카롱을 만들기 위해서는 끈기가 강하지 않은 머랭을 완성하는 것이 좋습니다. 그럼, 끈기가 강하지 않은 머랭을 만드는 방법에 대해서 알아보도록 하겠습니다.

거품을 내기 쉬운 흰자의 상태는 점성과 신선도가 약하며 온도가 차갑지 않은 상태여야 합니다. 무엇보다 설탕을 넣는 타이밍이 중요한데, 설탕을 처음부터 많이 넣고 휘핑하게 되면 설탕이 가진 수분을 흡수하는 성질과 단백질의 변성을 억제하는 성질 때문에 거품이 천천히 올라오지만, 거품의 상태가 치밀하고 안정되어 결과적으로 끈기가 생기게 됩니다. 때문에 부드럽게 부서지고 입 안에서 녹는 감촉이 좋은 마카롱을 만들기 위해서는 흰자에 설탕을 한꺼번에 넣는 것이 아니라 흰자를 부드럽게 기포를 올린 후 설탕을 2~3번에 나누어 넣어주어야 합니다. 완성된 좋은 머랭의 상태는 휘퍼기의 끝으로 머랭을 들어 올렸을 때 뿔이 뾰족하게 서고 광택이 흐르는 상태여야 합니다. 휘핑이 부족했을 경우에는 머랭을 들어 올렸을 때 뿔에 힘이 없고, 반대로 휘핑을 지나치게 많이 했을 경우에는 뿔이 서는 것이 아니라 머랭이 덩어리지는 것과 같은 상태가 됩니다.

머랭을 완벽한 상태로 만들었다면 이제 남은 아몬드가루와 슈가파우더를 머랭에 섞어주는 마카로나주의 과정이 남았습니다. 아몬드파우더와 슈가파우더는 함께 고운 체에 내린 상태로 준비하여야 하며, 한꺼번에 머랭에 다 넣어 섞는 것이 아니라 2~3번에 나누어 넣어 섞어주어야 합니다. 가루류를 섞을 때에는 머랭이 담긴 볼에 가루류를 넓게 흩뿌린 상태에서 볼을 돌려가며 주걱을 사용해 바닥부터 반죽을 위로 퍼 올리는 방식으로 섞어주는 것이 좋습니다. 처음에는 단단한 머랭의 힘에 의해 가루가 겉도는 것처럼 느껴지지만 곧 머랭이 적당하게 사그라지며 가루들이 함께 잘 섞이게 됩니다. 가루를 3번에 나누어 넣어 마카로나주를 할 경우, 첫 번째 가루를 섞고 날가루가 남아 있는 상태에서 두 번째 가루를 넣어 섞어줍니다. 세 번째 가루 역시 두 번째 가루의 날가루가 보이는 상태에서 넣어 섞어줍니다. 나누어 섞을 때마다 완벽하게 가루를 섞어주는 방식으로 마카로나주를 진행하게 되면 반죽을 만지는 횟수가 많아져 오버 마카로나주가 될 수 있으니, 중간중간 반죽의 상태를 수시로 확인해가며 부드럽고 재빠르게 섞어주도록 합니다.

READY

머랭 흰자 64g, 설탕 37g, 난백가루 1g

HOW TO MAKE

1 수분이나 유분기가 묻어 있지 않은 깨끗한 볼에 흰자를 담고, 난백가루를 넣어 저속으로 부드럽게 풀어줍니다.

2 거품이 나면서 색상이 뽀얗게 변하면 설탕의 1/3을 넣고 중속으로 휘핑합니다.

3 거품을 들어 떨어뜨렸을 때 부드럽게 흐르는 상태가 되면 다시 설탕의 1/3을 넣고 중속으로 계속 휘핑합니다.

4 머랭의 부피가 늘어나고 약간의 힘이 느껴지면 나머지 설탕 1/3을 넣고 계속 휘핑합니다.

5 머랭에 자국이 생기기 시작하면 중간중간 휘퍼기를 들어 보아 휘퍼기에 묻은 머랭이 새의 부리 모양으로 단단히 서는지 확인하고 마무리합니다.

6 색소를 넣고자 할 때에는 마지막 단계에서 넣고 살짝 섞일 정도로만 휘핑한 후 마무리합니다.

가루류 아몬드파우더 75g, 슈가파우더 103g

1 아몬드파우더와 슈가파우더를 2번 이상 체에 내려 준비합니다.
– 천연가루 색소를 넣고자 할 때에는 함께 체에 내려 준비합니다.

2 가루의 1/3을 프렌치 머랭 위에 뭉치지 않도록 전체적으로 고르게 뿌려줍니다.

3 볼을 몸의 방향으로 돌려가며 주걱을 이용해 の를 그리듯이 반죽의 중간을 가르고 위로 퍼 올리듯 섞어줍니다.

4 남은 가루의 1/3을 반죽 위에 전체적으로 고르게 뿌리고 다시 の를 그리며 부드럽게 섞어줍니다.

5 나머지 가루를 모두 넣고 가루가 보이지 않는 상태까지 부드럽게 섞어줍니다.

6 반죽을 떨어뜨렸을 때 끊기지 않고 떨어지며, 떨어진 반죽의 자국이 일정 시간(약 15초) 유지되다가 사라지는 상태가 될 때까지 반죽의 상태를 관찰 해가며 마카로나주를 마무리합니다.

> **TIP**
>
> 프렌치 머랭을 사용한 마카롱은 공정이 다소 간단한 편이라 마카롱을 만들 때 보편적으로 많이 사용하는 방법입니다. 그러나 끈기가 약하고 가벼운 프렌치 머랭의 특성상 가루류를 섞을 때 부드럽고 재빠르게 섞지 못하면 머랭이 금방 사그라들어 오버 마카로나주가 될 수 있으니 주의를 기울여 작업해야 합니다.

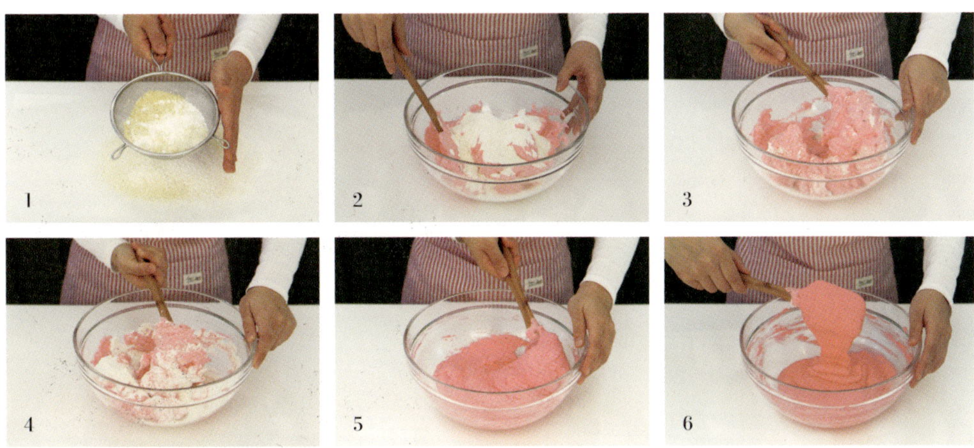

이탈리안 머랭과 그에 따른 마카로나주의 방법

부드러운 상태로 거품을 낸 흰자에 118~120℃까지 끓인 시럽을 부어 휘핑해 만드는 머랭을 이탈리안 머랭이라고 합니다. 프렌치 머랭보다 만드는 공정이 복잡하고 시간도 조금 더 걸리지만, 보다 안정된 기포를 형성해 마카로나주의 상태를 좀 더 세밀하게 관찰하며 작업할 수 있고, 쫀득한 식감의 마카롱을 맛볼 수 있습니다. 또한 고온의 시럽이 들어가는 머랭으로 흰자에 잔재해 있는 세균을 일차적으로 살균해준다는 점에서 위생상 더욱 안전하다는 장점도 가지고 있습니다.

이탈리안 머랭을 만들 때 주의할 점 첫 번째로는 시럽을 끓이는 상태와 온도입니다. 시럽을 끓일 때에는 두꺼운 냄비에 물과 설탕을 넣고 물을 묻힌 붓을 이용해 시럽 위쪽의 냄비 측면을 닦아주며 끓여야 시럽이 끓으면서 냄비 벽면에 튄 설탕이 타는 것을 방지할 수 있습니다. 시럽을 끓이는 불 조절 또한 무척 중요합니다. 불이 중불 이상인 상태에서 냄비의 바닥에 머물러 있도록 화구를 선택하거나 적당한 사이즈의 냄비를 준비해야 합니다. 불이 냄비의 바닥을 벗어나 냄비의 측면까지 올라가게 되면 상대적으로 측면의 온도만 과하게 올라가 바닥의 설탕이 깨끗하게 녹지 않은 상태에서 테두리 부분만 갈색으로 카라멜화가 진행될 수 있습니다. 이때 설탕이 녹지 않았다고 냄비를 흔들거나 수저로 저어주게 되면 시럽 안으로 공기가 들어가 설탕이 재결정화되는 원인이 되므로, 시럽을 끓일 때에는 절대 냄비를 흔들거나 젓는 행동을 해서는 안 됩니다.

시럽의 온도는 118~120℃를 정확하게 맞추어 끓여주어야 하는데, 이는 수분이 적당히 날아간 찐득한 상태의 시럽이 완성되는 온도이기 때문입니다. 예를 들어 110℃로 끓인 시럽은 118℃로 끓인 시럽에 비해 수분량이 많이 남아 있는 상태가 되며, 125℃로 끓인 시럽은 상대적으로 수분이 많이 손실되어 완성된 머랭의 상태가 묵직해지는 원인이 됩니다. 시럽을 끓일 때에는 적외선 온도계보다 스틱형 디지털온도계를 사용하여 온도를 정확하게 지키도록 합니다.

두 번째로 주의할 점은 끓인 시럽을 넣을 때 머랭의 상태입니다. 시럽을 넣을 때 머랭은 부드럽게 공기를 포집하고 있는 상태여야만 합니다. 기포가 없는 흰자의 상태여도 안 되고, 또 너무 뻑뻑하게 기포를 올려 분리된 상태여서도 안 됩니다. 시럽이 끓는 시간과 머랭을 올리는 시간의 타이밍을 잘 맞추어야 하는데 시럽을 중불에 올리고 90℃가 넘어가는 시점부터 머랭을 중속으로 올리기 시작하면 시럽이 끓는 온도와 부드러운 머랭의 상태를 맞출 수 있습니다.

뜨거운 시럽이 들어가면 머랭이 자칫 익을 수 있기 때문에 휘퍼기는 계속 중속 이상의 빠른 속도를 유지하며 시럽을 조금씩 일정한 양으로 부어주고, 시럽이 떨어진 머랭의 표면은 휘퍼기가 지나가며 골고루 섞어 한자리에 시럽이 머무르는 것을 방지해주어야 합니다. 온도가 미지근한 상태가 될 때까지 고속으로 휘핑하다가 중속으로 마무리합니다. 이는 머랭의 입자를 잔잔하게 깨어주어 조금 더 안정된 머랭을 만들 수 있도록 도와주는 방법입니다.

세 번째로 주의할 점은 이탈리안 머랭의 양입니다. 홈 베이킹을 할 때 보통 많은 양을 한꺼번에 만드는 것이 부담스러워 레시피의 양을 절반으로 줄여 만드는 경우가 있는데, 마카롱을 만들기 위한 이탈리안 머랭을 만들고자 할 때에는 흰자의 양과 시럽의 양을 너무 적게 줄이면 자칫 단단하고 안정된 머랭을 만들 수 없게 됩니다.

너무 적은 양의 흰자는 머랭을 휘핑할 때 상태의 변화를 관찰하기가 어렵다는 것이 첫 번째 이유이고, 두 번째 이유는 너무 적은 양의 시럽을 끓이게 되면 시럽의 온도를 정확하게 측정하기가 어렵고 냄비에 들러붙어 머랭에 들어가지 않는 시럽의 손실량이 많아지기 때문입니다. 시럽의 손실량이 많으면 머랭이 단단하지 못하고 주르륵 흐르는 상태가 되어 마카롱을 만들기에 적합하지 않은 머랭이 됩니다. 마카롱을 만들기 좋은 상태로 완성된 이탈리안 머랭은 단단하면서도 윤기가 흐르고 뿔의 끝에 힘이 있는 상태여야 합니다.

이탈리안 머랭 만들기 마카롱 40개 분량

READY

설탕 150g, 물 40g, 흰자 56g, 난백가루 1g

HOW TO MAKE

1 냄비에 물을 먼저 붓고 설탕을 넣어 중불로 끓입니다.– 끓이는 중간에 젓거나 흔들지 않도록 합니다. 시럽이 냄비 벽면에 튀면 물을 묻힌 솔로 가볍게 닦아줍니다.

2 실온의 계란흰자를 사이즈가 넉넉한 볼에 담아 중속으로 휘핑합니다.– 계란흰자는 사용하기 한 시간 전 냉장고에서 꺼내어 실온상태를 유지해줍니다.

3 기포가 일기 시작하고 색상이 뽀얗게 변하면 난백가루를 넣고 중속으로 휘핑합니다.– 소량의 난백가루는 머랭의 기포를 안정시켜주는 역할을 합니다.

4 흰자의 기포가 부드러운 상태로 부피가 늘어나고, 부드럽게 뭉쳐지기 시작하면 멈춥니다.– 휘퍼기를 들어 올려보았을 때 흰자거품의 각이 부드럽게 서는 정도까지면 충분합니다.

5 시럽의 온도가 118~120℃ 까지 끓었는지를 확인하고 불에서 내립니다.

6 거품을 내어놓은 머랭에 가늘게 조금씩 부어가며 볼 주변에 튀지 않도록 주의하며 중속으로 휘핑합니다.– 시럽이 떨어진 자리를 휘퍼기가 계속 돌며 섞어주어야 머랭이 익는 것을 방지할 수 있습니다.

7 볼을 손으로 만져보아 머랭의 온도가 미지근한 상태로 식을 때까지 고속으로 휘핑다가 중속으로 속도를 내려 휘핑합니다.

8 휘퍼기를 들어 올려 머랭이 윤기가 나고 힘이 있으며 끝이 살짝 휘는 상태로 완성되면 마무리합니다.

> **TIP**
>
> 시럽의 온도가 90℃가 넘어가는 시점에서 머랭을 중속으로 휘핑하기 시작하면 시럽이 118℃에 도달하는 시간과 머랭이 부드럽게 휘핑되는 시간을 동시에 맞출 수 있습니다. 118℃까지 끓인 시럽은 온도가 더 올라가거나 떨어지지 않도록 주의해야 하며 118℃에서 즉시 머랭에 부어 사용할 수 있도록 해야 합니다.

READY

아몬드파우더 150g, 슈가파우더 150g, 흰자 56g

HOW TO MAKE

1 2번 이상 체에 내려 준비한 아몬드파우더와 슈가파우더에 정확한 분량의 흰자를 넣어 날가루가 없는 페이스트 상태로 섞어줍니다. – 천연가루 색소를 넣고자 할 때에는 함께 체에 내려 준비합니다.

2 원하는 색이 되도록 색소를 넣고 섞어줍니다. – 머랭이 들어가면 반죽의 색상이 연해지므로 내고자 하는 색상의 2배 진하기로 색을 만들어주면 됩니다.

3 완성된 이탈리안 머랭의 절반을 반죽에 넣고 주걱의 날을 세워 11자를 그리며 반죽과 머랭을 부드럽게 섞어줍니다. – 주걱의 날을 세워 섞어주어야 머랭이 불필요하게 사그라지는 것을 방지할 수 있습니다.

4 반죽이 대충 섞이면 나머지 머랭을 넣어 부드럽게 섞어줍니다.

5 주걱에 묻은 반죽을 카드로 긁어 정리합니다.

6 카드를 사용해 바닥을 긁어가며 페이스트 상태의 반죽이 남지 않도록 고르게 섞어줍니다.

7 반죽을 볼 벽면에 붙여주는 느낌으로 고르게 만져가며 윤기가 날 때까지 섞어줍니다.

8 반죽을 떨어뜨렸을 때 끊어지지 않고 떨어지며, 떨어진 반죽의 자국이 일정 시간(약 15초) 유지되다가 사라지는 상태가 될 때까지 반죽의 상태를 수시로 관찰해가며 마카로나주를 마무리합니다.

TIP

● 이 레시피의 이탈리안머랭의 양은 마카롱을 만들기에 가장 안정적인 머랭을 만들기 위한 최소의 양입니다. 20개의 마카롱을 만들려고 할 때에는 페이스트의 양은 절반을 계량해 사용하고 머랭은 레시피 그대로 완성해 절반의 양을 덜어 쓰는 방법으로 사용하는 것이 좋습니다.

● 반죽을 섞는 마카로나주의 시간이나 횟수는 정해져 있는 것이 아닙니다. 반죽을 섞는 중간중간 반죽의 상태를 수시로 확인해가며 섞어주어야 합니다. 많은 연습을 통해 최상의 마카롱이 만들어지는 반죽 상태를 눈과 손의 감각으로 익혀야만 합니다.

짤주머니의 준비와 반죽 짜는 법

1 끝을 자른 짤주머니에 1cm의 둥근 깍지를 넣고 깍지의 뒤에서 주머니를 비틀어 꼬아 깍지에 밀어 넣어 고정합니다.

2 짤주머니의 윗부분을 접어 입구가 벌어진 상태로 고정시키고 반죽을 담아 줍니다.

3 오른손의 엄지와 검지 사이에 짤주머니의 윗부분을 끼운 후 꼬아주어 반죽이 새어나오지 않도록 단단히 잡아줍니다.

4 철판에 3.5cm의 원이 그려진 패턴지를 깔고 그 위에 베이킹시트를 깔아 준비합니다. – 지름 3.5cm 원이 그려진 패턴지는 책의 맨 뒷장에 첨부되어 있으니 자신의 오븐팬 사이즈에 맞도록 재단하여 사용하세요.

5 왼손 엄지와 검지로 깍지의 몸통부분을 잡아 흔들리지 않도록 고정하고 바닥과 1cm 떨어진 높이에서 지름 3.5cm의 원이 되도록 반죽을 짜 줍니다.

6 원이 완성되었으면 오른손에 반죽을 짜는 힘을 완전히 뺀 상태로 깍지의 끝을 작은 원을 그리는 느낌으로 꺾어주며 반죽과 깍지를 분리합니다. – 반죽을 짜는 중간중간 짤주머니를 계속 꼬아가며 팽팽한 상태가 유지되도록 사용합니다.

코크 건조와 굽기

코크가 건조되지 않은 상태
반죽에서 윤기가 흐르며 손에 묻어 납니다.

코크가 건조된 상태
반죽에서 윤기가 사라지며 손에 묻지 않습니다.

코크 건조하기

반죽을 동그란 모양으로 예쁘게 짜주었다면 이제 건조의 과정이 남았습니다. 코크를 건조하게 되면 건조된 반죽의 겉부분은 구웠을 때 바삭한 상태를 유지하게 되고, 속은 부드럽고 촉촉한 식감의 코크가 만들어집니다. 또한 반죽의 윗면을 건조시켜 오븐의 뜨거운 열을 가했을 때 건조되지 않은 안쪽의 반죽이 건조된 윗면을 뚫고 나오지 못하면서 마카롱의 발이라 불리는 피에가 만들어지게 됩니다. 건조시간은 날씨나 작업환경에 따라 다를 수 있지만, 30분에서 1시간 전후가 적당합니다.

반죽이 적절하게 건조된 상태가 되면 겉면에 윤기가 사라지며 손으로 반죽의 테두리를 만져보았을 때 단단함이 느껴집니다. 또한 반죽의 윗면 중앙에는 껍질이 형성되었으나 마르지 않은 속반죽의 물컹함이 살짝 느껴집니다. 너무 많이 건조시켜 속까지 말라버렸을 때에는 피에가 형성되지 않을 수 있으며, 구워냈을 때 속이 부드럽지 않은 바삭한 상태가 될 수 있습니다. 반대로 오랜 시간 건조시켜도 마르지 않는다면 작업환경이 너무 습하거나 오버 마카로나주가 되었을 가능성이 있습니다. 여름철 습한 환경에서 마카롱을 건조시킬 때에는 너무 덥거나 습하지 않도록 에어컨이나 제습기로 온도와 습도를 조절해주는 것이 좋습니다. 또 오버 마카로나주가 되어 반죽이 질척해진 상태에서는 오랜 시간 말린다고 하더라도 좋은 마카롱을 기대하기란 어렵습니다.

코크 굽기

앞에서 언급했던 바와 같이 어떤 오븐을 사용하는지는 중요하지 않습니다. 좋은 식감의 마카롱을 만들기 위해서는 다른 어떤 것보다 내가 사용하는 오븐의 특징과 온도 변화를 아는 것이 가장 중요합니다. 반죽을 하는 것만큼 중요한 것은 마카롱을 굽는 과정이라 할 수 있습니다.

저는 마카롱을 굽는 온도와 시간을 150℃에서 12분 내지 13분을 구워내는 것을 기본으로 합니다. 여기서 말하는 150℃라는 것은 20분 이상 예열된 오븐 속 오븐용 온도계가 가리키는 온도입니다. 오븐의 온도 스위치를 150℃에 맞춰두었다고 그 온도가 정확하다고 생각하지 말고 오븐용 온도계를 사용해 보다 정확한 온도를 지키는 것이 좋습니다. 마카롱을 굽는 도중에도 오븐의 온도는 수시로 들쭉날쭉 변할 수 있으니 계속 지켜보며 온도를 체크하는 것이 좋습니다. 설정해둔 온도보다 온도가 올라가면 오븐 문을 살짝만 열어 뜨거운 열기를 조금 빼내어주고, 온도가 내려가면 설정온도를 잠깐 올려 다시 정확한 온도로 맞추어줍니다.

코크가 구워질 때 반죽의 변화를 유심히 살펴보면 시간이 지남에 따라 코크의 바닥 쪽 반죽이 부풀어 오르는 것을 관찰할 수 있는데, 그것이 바로 반죽이 부풀며 생기는 마카롱의 발, 피에가 형성되는 과정입니다. 그리고 피에가 힘차게 올라오다가 어느 순간 살짝 가라앉는 시점, 이때부터를 반죽의 안정기라고 할 수 있습니다. 반죽의 안정기는 속까지 열이 전달되었고 전체적으로 부드럽게 익은 상태라고 할 수 있는데, 오븐에 크게 온도 변화가 없다면 이 안정기가 될 때까지는 오븐 문을 열지 않는 것이 좋습니다. 힘차게 부풀며 올라오던 반죽이 차가운 공기를 만나 가라앉아버릴 수 있기 때문입니다.

피에가 살짝 가라앉은 안정기를 지나면 오븐 문을 열고 코크의 윗면을 잡고 양옆으로 살짝 흔들어 보아 흔들리지 않는 상태가 되었는지 체크한 후 굽기를 멈춥니다. 반죽이 약하게 흔들린다면 30초~1분 정도 조금 더 구워준 후 익은 상태를 체크하도록 합니다.

오븐에서 나온 코크는 뜨거운 오븐팬에서 바로 분리해주고 베이킹시트 째 식힘망 위에 올려 그대로 식혀줍니다. 충분히 식어 따뜻한 온기가 없을 때 마카롱을 베이킹시트에서 분리합니다. 잘 익은 마카롱은 베이킹시트에 반죽이 묻어 있지 않고 깨끗하게 분리되며, 겉은 바삭하고 속은 촉촉한 부드러운 상태가 됩니다.

피에가 힘차게 올라오는 모습

피에가 살짝 가라앉는 안정기의 모습

자신만의 오븐 온도와 굽는 시간

많은 셰프가 최상의 마카롱을 만들기 위한 오븐 온도와 시간 등 자신만의 노하우를 가지고 있습니다. 하지만 결코 그것이 누구에게나 적용되는 표준화된 기준이 될 수는 없습니다. 그 이유는 각자 사용하는 오븐이 가진 특성이 다르기 때문이며, 각자의 작업환경이나 작업 스타일이 다르기 때문입니다. 오븐의 종류에도 열선이 있는 오븐, 열풍을 이용하는 오븐 등으로 다양하게 나뉘며 열선이 상하로 있는 오븐, 열선이 좌우로 있는 오븐 그리고 오븐팬을 놓았을 때 열선과의 거리가 오븐마다 다르게 구성되어 있습니다. 또한 같은 브랜드의 오븐이라도 각자의 오븐마다 가지는 온도의 특징이 다를 수 있습니다.

저는 열선이 밖으로 돌출되어 있지 않고 뜨거운 열기를 순환시키는 특성을 가진 오븐을 사용하고 있으며, 150℃에서 12~13분을 구워내는 방법을 기본으로 마카롱을 굽습니다. 그러나 이 방법 역시 모든 상황에 적용된다고 할 수는 없습니다. 마카롱의 사이즈에 따라 굽는 시간과 온도는 달라질 수 있습니다. 또한 반죽의 상태, 그날의 날씨나 습도에 따라 오븐의 온도와 굽는 시간을 적절하게 조절해주어야 합니다. 결국 맛있는 식감의 마카롱을 만드는 온도와 시간은 오븐 주인만이 찾아낼 수 있습니다. 마카롱이 구워져 나오는 상태를 보며 자신만의 오븐 온도와 시간을 찾아야 합니다. 이상적인 마카롱을 만들기 위한 최상의 타이밍을 찾기란 쉬운 일은 아니지만, 꾸준한 연습을 거친다면 분명 멋진 식감의 마카롱을 맛보게 될 겁니다.

마카롱 코크에 대해 공부하기

좋은 마카롱 코크란?

● **코크의 윗면이 매끈하고 동그란 형태가 잘 유지되었다.**

좋은 마카롱은 윗면이 매끈하고 전체적으로 동그란 형태를 잘 유지하고 있습니다.

● **껍질의 두께가 적당하다.**

코크를 건조하는 과정에서 공기와 접촉하는 부분이 건조되면서 적당한 두께의 껍질을 형성하게 됩니다. 너무 과하게 두껍지도 너무 얇지도 않아 마카롱을 한입 깨물었을 때 바삭함이 느껴지지만, 과자 부스러기처럼 후두둑 떨어지는 정도는 아닙니다.

● **코크를 갈랐을 때 껍질 안쪽 속반죽은 촉촉함을 유지하고 있다.**

공기와의 직접적인 접촉이 이루어지지 않아 건조되지 않은 속반죽은 부드러운 식감을 가집니다. 또한 손으로 만졌을 때 촉촉함이 느껴집니다.

● **피에가 위로 곧게 부풀어 올라 프릴 모양을 형성한다.**

잘 만든 마카롱 반죽을 뜨거운 오븐에 넣게 되면 코크의 바닥 부분으로 예쁜 피에가 형성됩니다. 뜨거운 열에 의해 반죽이 팽창하게 되고 건조되어진 껍질 부분을 속반죽이 뚫고 나오지 못해 바닥 부분으로 반죽이 부풀어 오르는 현상입니다. 피에의 모양은 옆으로 납작하게

퍼지지 않고 위로 곧게 올라오는 것이 좋습니다.

● **속이 비어 있지 않다.**

마카로나주의 상태가 적당하고 적합한 온도에서 구워진 마카롱은 속이 비어 있지 않고 꽉 차 있게 됩니다. 코크는 처음 구워져 나왔을 때 쫀득한 식감을 가지게 되는데 필링을 샌드한 후 숙성기간을 거치면서 필링이 가지고 있는 수분이 코크로 이동해 부드러운 식감으로 변하게 됩니다. 때문에 전체적으로 부드러운 식감을 기대하기 위해 마카롱의 속이 꽉 차 있어야 하는 것입니다.

필링을 샌드하고 숙성기간을 거친 마카롱을 베어 물었을 때는 껍질과 속의 반죽이 따로 놀지 않고 같이 씹혀 껍질은 바삭하면서도 속은 촉촉한 식감의 마카롱이 됩니다.

● **윗면의 색이 깨끗하며 베이킹시트에서 바닥이 깨끗하게 분리된다.**

위 불과 아래 불이 알맞은 온도에서 굽혀진 코크는 윗면의 색이 온도에 의해 변색되지 않아 깨끗하게 유지되며, 바닥도 적당히 익어 베이킹시트에서 깨끗하게 분리되어 떨어집니다. 덜 익었을 경우에는 마카롱이 깨끗하게 떨어지지 못하고 바닥과 껍질 윗부분이 분리되게 됩니다.

실패한 마카롱 코크의 상태와 이유 : 실패한 마카롱에서 볼 수 있는 대표적인 예

● **윗면 껍질의 색이나 바닥색이 노랗게 변색되었다.**

오븐의 온도가 너무 높았을 때, 혹은 당이 들어가는 천연가루를 과하게 사용하였을 때 코크의 색이 노랗게 변색되는 경우를 볼 수 있습니다. 오븐의 온도가 높아 변색이 된 경우에는 코크가 전체적으로 많이 익어 단단한 식감을 가질 수 있습니다. 당이 들어가는 천연가루로 인해 변색이 된 경우에는 식감이 단단하지는 않지만 변색된 옅은 노란빛을 가질 수 있습니다. 이런 경우에는 오븐의 온도를 조금 더 낮게 조절하거나, 당이 들어가는 천연가루의 양을 조절하면 됩니다.

● **뾰족하게 뿔이 서 있다. 윗면이 갈라진다.**

마카로나주를 너무 적게 한 경우입니다. 뾰족하게 뿔이 선다는 것은 반죽에 힘이 많이 남아 있어 짤 때 남았던 흔적이 사라지지 않고 그대로 구워진 경우라고 볼 수 있습니다. 마찬가지로 흔히 함께 동반되는 윗면이 갈라지는 현상은 마카로나주로 적절하게 사그라져야 하는 반죽의 머랭이 그러지 못해 힘이 있는 반죽 속 머랭이 윗면을 뚫고 나옴으로써 발생되는 현상입니다. 이런 경우에는 마카로나주를 조금 더 진행해주어 반죽이 흐르면서도 윤기가 돌고 힘이 적당히 남아 있는 질감으로 만들어주면 됩니다.

노랗게 변색된 코크

뾰족하게 뿔이 선 코크

● **전체적인 모양이 납작하고 피에가 옆으로 퍼지듯이 형성되었다.**

마카로나주를 너무 많이 진행하여 오버 마카로나주의 상태가 되었을 때 나타나는 현상입니다. 이런 경우에는 마카로나주의 횟수를 줄여야 합니다. 반죽이 떨어지며 자국이 일정시간 남는 상태까지만 마카로나주를 진행하는 것이 좋습니다.

간혹 마카로나주의 반죽 상태가 적절하였음에도 피에가 옆으로 퍼지는 경우가 있는데, 이는 덥고 습한 여름철에 자주 발생되는 현상으로 실내의 온도가 너무 더워 반죽 안의 머랭이 건조 도중 사그라져버리기 때문입니다. 여름철 마카롱을 건조시킬 때에는 실내의 온도를 낮추어주는 것이 좋습니다.

● **표면에 물결과 같은 주름이 잡혀 있다.**

마카로나주가 너무 많이 진행되어 반죽이 퍼진 경우입니다. 마
카로나주가 지나치게 많이 진행된 경우에는 머랭의 수분이 과
도하게 빠져나와 구웠을 때 마카롱의 표면에 물결과 같은 주름
이 생기고, 머랭의 수분에 의해 반죽이 빨리 마르지 않는 상황
을 동반하기도 합니다. 마카로나주의 횟수와 강도를 줄여 적절
한 반죽의 질감을 가질 수 있도록 해줍니다.

● 피에가 나오지 않는다.

코크를 지나치게 많이 건조했을 때 나타날 수 있는 현상입니
다. 코크를 오랜 시간 건조시킬 경우, 코크의 겉 표면뿐만 아니
라 속반죽까지 건조되어 부풀어오르는 머랭의 힘이 사라지기
때문에 피에가 형성되지 않을 수 있습니다. 작업하는 실내의
환경은 상황마다 다를 수 있기 때문에 코크를 건조시키는 시간
에 기준을 두기보다는 반죽의 상태를 살피며 건조를 진행하는
것이 좋습니다. 광택이 사라지고 반죽을 만져봤을 때 손에 묻
어나지 않으며, 속반죽의 물컹함이 살짝 느껴지는 상태까지 건
조시키는 것이 좋습니다.

●**윗면이 찢어지듯 터진다.**

건조 과정에서 코크가 충분히 마르지 않아 껍질이 형성되지 못한 경우 윗면이 터진 마카롱이 만들어질 수 있습니다. 또한 오븐 아래 불의 온도가 너무 높은 경우에도 나타날 수 있는 현상입니다. 건조가 충분히 이루어졌음에도 윗면이 터진다면 아래 불의 온도가 너무 높아 부풀어오른 반죽이 표면을 깨고 나오는 것일 수 있으니 위·아래 불의 온도조절이 가능한 오븐이라면 아래 불의 온도를 조금 낮춰주고, 온도조절이 힘든 오븐이라면 아래쪽에 오븐팬을 한 장 더 덧대어 온도를 조절하는 방법을 사용할 수 있습니다.

● 코크의 윗면에 기름기와 같은 얼룩이 생겼다.

오래된 아몬드파우더를 사용했거나 아몬드파우더를
갈아 유지가 배어 나온 경우에 볼 수 있는 현상입니다.
아몬드파우더는 항상 신선한 제품을 사용하고 아몬드
파우더를 갈아서 사용할 때에는 과도하게 유분이 배
어 나오지 않도록 주의해야 합니다.

● 코크가 한쪽으로 치우친다.

반죽에 적절하게 유화될 수 있는 유분의 양을 넘어섰을
때 쉘의 바닥 부분과 윗부분이 미끄러지듯 분리되는 것
으로, 오래된 아몬드파우더를 사용했거나 유분이 많은
재료를 사용했을 때 반죽이 안정되지 못해 나타나는 현
상입니다. 항상 신선한 아몬드파우더를 사용하고, 추가
되는 재료의 양을 줄여보는 것이 좋습니다.

● 속이 비어 있다.

마카로나주가 지나치게 진행되었을 때와 반대로 마카
로나주가 너무 덜 되었을 경우, 또는 굽는 시간이 부
족했을 경우에도 나타날 수 있는 현상입니다. 오버 마
카로나주를 했을 경우 코크 속반죽 대부분이 사그라
져 속이 텅텅 비어버린 마카롱이 만들어질 수 있습니
다. 마카로나주가 너무 덜 되었을 경우에는 반죽이 과
도하게 부풀어오르다 사그라져버리는 현상으로 인해
속이 비어버리는 마카롱이 만들어질 수 있습니다. 마
카로나주를 너무 많이 하거나 너무 적게 하여도 좋은
마카롱은 만들어지지 않습니다. 마카로나주의 상태를
세심히 살피며 적절한 반죽의 상태를 익히도록 노력
해야 합니다. 또한 굽는 시간이 부족해 속이 비어버린
경우에는 굽는 시간을 늘려주면 됩니다.

그 외에 발생될 수 있는 또 다른 현상들

● 코크의 윗면에 기포가 많이 형성되어 모양이 울퉁불퉁해진다.

마카로나주를 많이 하게 되면 머랭의 기포가 사그라들게 되어 머랭 안에 있던 공기가 반죽 위로 올라오게 됩니다. 때문에 코크의 윗면에 울퉁불퉁한 기포가 형성되는 것입니다. 만약 기포가 과하게 형성될 경우에는 평소보다 마카로나주의 횟수를 줄이고 반죽의 상태를 좀 더 세밀하게 살펴 마카로나주를 진행해야 합니다.

● 껍질의 두께가 너무 얇아 식감이 느껴지지 않거나, 너무 두꺼워 단단한 식감을 가지며 깨어지듯이 부서진다.

건조가 충분하게 이루어지지 않았거나 재료에 포함된 수분과 유분의 양이 많은 경우 코크의 껍질이 얇게 형성될 수 있습니다. 보통 녹차가루 같은 재료에는 눈에 보이지 않는 수분이 잔재하고 있어 코크의 껍질 형성을 방해하기도 하는데, 그럴 때에는 재료의 양을 줄여가며 조절해 사용하면 됩니다. 반대로 껍질이 너무 두꺼운 경우에는 너무 오래 건조시키거나 오븐의 위 불이 아래 불보다 온도가 높은 경우에 나타나는 현상입니다. 손에 묻어나지 않고 광택이 사라지면 건조를 마치고 구워주고, 적당히 건조시켰는데도 그런 상태가 계속 된다면 오븐의 위 불을 조절하는 방법을 사용할 수 있습니다. 위·아래 불의 온도조절이 가능한 오븐이라면 위 불의 온도를 조금 낮춰주고, 온도조절이 힘든 오븐이라면 위 불 쪽에 철판을 하나 더 덧대어 위 불의 온도를 수동으로 조절해 사용할 수도 있습니다.

● 시간이 많이 경과하였음에도 반죽이 마르지 않는다.

마카로나주가 많이 진행되어 반죽이 질척한 상태로 완성되었을 때 흔히 볼 수 있는 현상입니다. 마카로나주의 횟수를 줄여 힘이 있으면서도 끊어지지 않고 흘러내리며, 자국이 일정시간 유지되는 상태의 반죽을 만들도록 노력해야 합니다. 또한 실내의 습도가 너무 높은 경우에도 반죽이 마르지 않을 수 있습니다.

● 코크의 속까지 식감이 단단하다.

너무 많이 구웠을 때 나타나는 현상입니다. 속까지 익어버려 부드러운 식감을 느낄 수 없는 딱딱한 쿠키와 같은 식감의 마카롱이 됩니다. 이 경우에는 굽는 시간을 줄여서 조절 해 보세요.

왜 실패하는 걸까? 다시 한 번 짚고 넘어가기!

● **재료를 정확하게 계량하셨나요?**
마카롱은 미세한 차이에도 예민하게 반응한답니다.
계량은 꼭 정확하게 지켜주세요.

● **마카롱을 만들기 전에 모든 재료와 도구를 미리 준**
비해두셨나요?
마카롱을 만드는 도중에 필요한 도구를 준비하려고
서두르는 일이 없도록 사용할 재료와 도구는 미리 준
비해두는 것이 좋습니다.

● **준비한 재료의 상태가 마카롱을 만들기에 적합한**
재료인가요?
아몬드파우더의 유분 상태나 슈가파우더, 계란의 상
태는 마카롱을 만드는 데 있어 직접적인 영향을 끼친
답니다. 마카롱을 만들기에 적합한 상태로 재료를 준
비하는 것에 소홀하지 마세요.

● **머랭을 만들 때 주의사항을 꼼꼼하게 지키셨나요?**
머랭의 상태에 따라 마카로나주의 정도가 확연하게
달라집니다. 마카롱 만들기 좋은 상태의 힘 있는 머랭
을 만들 수 있도록 주의사항을 꼼꼼하게 지켜주세요.

● **마카로나주를 마쳤을 때 반죽의 질감이 적당한가요?**
마카로나주를 마친 반죽의 질감은 코크의 성공 여부
를 결정하는 중요한 요인입니다. 적당한 질감의 상태
를 찾을 수 있도록 꾸준히 연습하는 것이 중요합니다.

● **건조된 상태가 적당하였나요?**
너무 오래 건조시켜도 또는 너무 짧게 건조시켜도 좋
지 않습니다. 만져보았을 때 손에 묻어나지 않으며 광
택이 사라지고 건조된 껍질이 만져지면서도 말랑한
속반죽이 느껴지는 정도까지 건조시켜 주세요.

● **충분한 예열과 오븐용 온도계를 사용해 굽는 온도**
를 정확하게 지키셨나요?
오븐을 사용할 때에는 충분한 예열을 해주어야 하며
오븐용 온도계를 사용해 적정온도까지 도달했는지,
또한 마카롱을 굽는 도중 온도의 변화는 어떠한지에
대해서 작업자 본인이 알고 있어야 합니다. 내 오븐의
온도 변화를 알고 있어야 내 오븐의 상태에 따라 온도
를 조절하는 일이 가능합니다.

**● 마카롱을 오븐에서 꺼내기 전에 마카롱을 흔들어
익은 정도를 테스트하셨나요?**

마카롱의 반죽의 질감 정도나 건조 정도, 마카롱의 사
이즈 등에 의해 마카롱을 굽는 시간은 항상 유동적으
로 변할 수 있습니다. 그러므로 익힌 마카롱을 꺼낼 때
에는 정해놓은 시간이 되었다고 꺼내는 것이 아니라
마카롱을 살짝 흔들어 익은 정도를 테스트한 후 꺼내
야 합니다. 코크를 잡고 흔들어 흔들리지 않는 상태에
서 꺼내야 속반죽이 가라앉지 않고 바닥에서 잘 떨어
지는 마카롱을 만들 수 있습니다.

**● 작업하는 환경의 온도나 습도가 너무 높지는 않았
나요?**

마카롱은 건조 과정을 거쳐야 하는 제품으로 온도나
습도에 민감하게 반응합니다. 온도가 너무 높은 환경
에서 작업하면 반죽이 마르는 도중 퍼져버리기 쉽고,
습도가 너무 높으면 시간이 지나도 반죽이 마르지 않
는 현상이 나타납니다. 작업하는 환경의 온도와 습도
를 체크하여 마카롱을 작업하기 좋은 상태를 유지해
주는 것이 좋습니다.

이처럼 마카롱 코크 만들기는 아주 작은 요인으로도
실패할 수 있는 예민한 작업입니다. 사실 잘못된 마카
롱 코크의 실패 요인을 정확하게 정의내리기는 어렵
습니다. 다만 추측을 통해서 실패 요인을 찾아가는 것
이라고 할 수 있습니다. 그만큼 마카롱 코크 만들기는
까다로운 과정으로 반복된 연습과 경험이 무엇보다
중요합니다.

마카롱 필링 만들기

필링은 마카롱의 맛을 결정짓는 가장 중요한 요소입니다. 어떠한 필링을 샌드했는지에 따라 마카롱의 이름이 결정되기도 합니다. 달콤한 가나슈에서부터 과일 향이 가득한 잼, 부드러운 버터크림으로 만들 수 있는 필링을 준비했습니다. 자신이 좋아하는 재료를 사용해 다양하게 응용해보아도 좋아요. 세상에서 하나뿐인 나만의 마카롱을 만들어보세요.

필링 만들기

마카롱에 사용되는 필링은 굳이 종류에 제
한을 두지 않고 좋아하는 크림을 샌드해
만들어도 무방합니다. 하지만 수분이 너무
많은 필링은 마카롱을 금방 눅눅하게 만들
어버릴 수 있어 오래 두고 즐기려고 할 때
에는 좋지 않습니다. 필링과 코크의 식감
이 조화로운 마카롱을 즐기기 위해서는 코
크로의 수분 유동이 과하지 않은 필링을
사용하는 것이 좋은데, 가나슈와 버터크림
은 적당한 수분의 유동성과 크림의 부드러
움, 형태 유지성을 가지고 있어 마카롱의
기본적인 필링 베이스로 가장 많이 사용됩
니다.

가나슈

가나슈를 만드는 방법은 레시피마다 조금씩 차이가 있지만 초콜릿을 베이스로 생크림과 섞어 만든다는 기본적인 방법은 동일합니다. 가나슈는 커버처에 함유된 카카오버터와 생크림의 유지방 그리고 수분이 부드럽게 유화되어 만들어지는 크림을 말합니다. 가나슈를 만들기 위해 각 재료를 유화시키는 다양한 방법이 있지만, 안정적인 가나슈를 만들기 위해 녹인 초콜릿과 살짝 데운 생크림을 같은 온도로 맞추어 섞어주는 방법을 사용합니다.

가나슈를 만들 때 주의해야 하는 점은 첫 번째로 초콜릿을 녹이는 온도인데, 초콜릿의 종류에 따라 다크의 경우 45~50℃, 밀크의 경우 40~45℃, 화이트의 경우 38~40℃를 넘기지 않도록 해주어야 합니다. 초콜릿은 30℃가 넘어가면 부드럽게 녹기 시작하고 40℃ 전후에서 완전하게 녹일 수 있습니다. 너무 높은 온도에서 초콜릿을 녹이게 되면 초콜릿의 성분이 분리되는 뭉침 현상을 보이게 되어 좋은 식감의 가나슈를 만들기 어렵습니다. 중탕으로 초콜릿을 녹일 때에는 초콜릿을 담은 볼보다 작은 냄비를 사용해 더운 수증기를 이용해 초콜릿을 천천히 녹여주고 물이나 수증기가 들어가지 않도록 주의해야 합니다. 뜨거운 물에 초콜릿이 담긴 볼이 직접 닿게 되면 온도가 급격하게 올라갈 수 있기 때문에 좋지 않습니다.

두 번째로는 생크림을 데우는 온도입니다. 생크림은 유지방을 가지고 있으므로 팔팔 끓이게 될 경우, 유지방의 분리가 일어나 막이 생기게 되니 살짝 데워준다는 느낌으로 끓여 사용하는 것이 좋습니다.

세 번째로는 초콜릿과 생크림을 섞을 때의 두 재료의 온도입니다. 초콜릿과 생크림의 적절한 유화온도는 35~40℃ 정도가 좋습니다. 초콜릿보다 생크림의 온도가 차가우면 유화 도중 초콜릿이 굳어버려 분리가 일어날 수 있고, 초콜릿보다 생크림의 온도가 과하게 뜨거울 경우에는 뜨거운 생크림의 영향으로 초콜릿의 온도가 높아져 수분과 유지가 분리되는 현상이 있을 수 있습니다.

HOW TO MAKE

1 작은 사이즈로 잘라 준비한 초콜릿을 볼에 담아 물이 끓고 있는 냄비 위에 올려 천천히 저어주며 수증기를 이용해 녹입니다.

2 가장자리가 타지 않도록 생크림을 저어주며 살짝 데워준다는 느낌으로 끓여줍니다.– 전화당을 넣을 때에서 생크림과 함께 데워 사용합니다.

3 녹인 초콜릿과 데운 생크림의 온도를 35~40℃ 전후로 비슷하게 맞추어 초콜릿에 생크림을 조금씩 넣으며 고무주걱으로 볼의 중앙에서 원을 그린다는 느낌으로 저으며 천천히 섞어줍니다.– 공기가 들어가면 세균번식의 위험이 있으니 공기가 들어가지 않도록 주의하세요.

4 섞이지 않은 부분이 없도록 볼의 구석구석을 긁어가며 전체적으로 고르게 섞어줍니다.– 버터를 사용하고자 할 때에는 마지막 단계에서 가나슈가 완전히 식기 전에 부드러운 상태의 버터를 넣어 섞어줍니다.

5 공기가 들어가지 않도록 주의하며 핸드 블렌더로 갈아 완벽히 유화시켜줍니다.

> **TIP 가나슈의 텍스처**
>
> 완성된 가나슈는 처음에는 흐르는 질감을 가지지만 시간이 지나면서 마카롱 위에 짜기 좋은 질감으로 서서히 굳습니다. 실내가 너무 더운 여름철에는 냉장고를 이용하고 서늘한 계절이라면 랩핑 후 실온에 두는 것만으로도 충분히 굳힐 수 있습니다. 간혹 온도가 맞지 않아 유화가 바르게 되지 않은 가나슈는 시간이 아무리 흘러도 굳지 않는 현상이 있을 수 있으니 가나슈를 만들 때에는 온도에 특히 주의를 기울여 작업해야 합니다.

1

2

3

4

5

버터크림에 대한 이해

버터크림은 기포를 형성하고 유지하는 버터의 크리밍 성을 이용한 크림이라고 할 수 있습니다. 버터크림의 종류로는 만드는 방법에 따라 이탈리안 버터크림, 파트 아 봉브 버터크림, 앙글레즈 버터크림으로 나눌 수 있습니다.

이탈리안 버터크림

기포를 올린 흰자에 118℃의 뜨거운 시럽을 부어 완성한 이탈리안 머랭에 버터를 넣고 휘핑해 완성하는 버터크림입니다. 이탈리안 머랭을 이용한 이탈리안 버터크림은 노른자가 들어가지 않아 색상이 하얗고 담백한 풍미를 가지고 있습니다. 깔끔하고 담백한 끝맛으로 상큼한 과일을 함께 데코하고자 할 때 잘 어울립니다.

파트 아 봉브 버터크림

기포를 올린 노른자에 118℃의 뜨거운 시럽을 부어 완성한 파트 아 봉브에 버터를 첨가해 만든 버터크림으로 노른자가 들어가 노란 색상을 띠며 버터의 깊은 풍미를 가지고 있습니다. 크림 그대로 즐기기에도 좋지만 부드러운 크림치즈나 풍부한 향의 아롬과도 무척 잘 어울리는 크림입니다.

앙글레즈 버터크림

노른자나 계란에 우유와 설탕을 넣어 82℃까지 끓인 크렘 앙글레즈에 버터를 넣어 휘핑한 버터크림의 종류를 말합니다. 우유가 들어가 3가지 버터크림 중 가장 고소한 풍미를 지니고 있으나, 가장 많은 수분 함량을 가진 버터크림이기도 합니다. 과일즙이나 퓨레를 우유 대신 응용하면 과일 향이 풍부한 크림을 만들 수 있습니다.

> **TIP**
>
> 사용하고 남은 버터크림은 냄새가 배어 들지 않도록 밀봉하여 냉동보관하고, 다시 사용하고자 할 때에는 실온에 그대로 두어 자연해동한 후 다시 한 번 휘핑하여 사용합니다.

READY

흰자 76g, 설탕 150g, 물 50g, 버터 380g

HOW TO MAKE

1 실온 상태의 흰자를 중속으로 휘핑 해 부드럽게 기포를 올려줍니다.

2 물과 설탕을 118~120℃ 까지 끓인 시럽을 머랭에 가늘게 넣으며 고
속으로 휘핑합니다.

3 온도가 미지근하게 식고 휘퍼를 들어 머랭이 단단한 뿔 모양을 그리
는지 확인한 후 마무리합니다.– 이탈리안 머랭의 완성

4 말랑한 상태의 버터를 조금씩 나누어 넣어주며 휘핑기로 고르게 섞어
줍니다.

5 매끈하게 섞여 광택이 나고 부드러워지면 완성입니다.

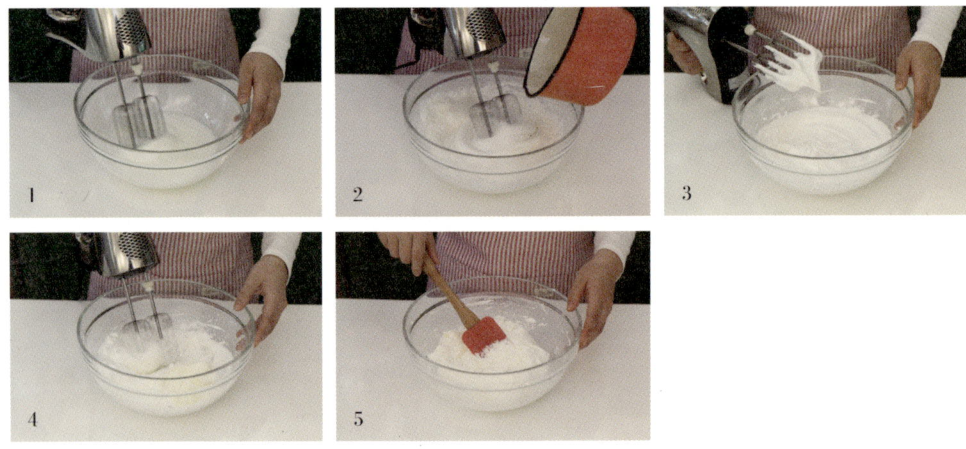

파트 아 봉브 버터크림 만들기

노른자 63g, 설탕 110g, 물 50g, 버터 180g

1 실온 상태의 노른자를 휘핑기를 이용해 뽀얗게 휘핑해줍니다.

2 물과 설탕을 118~120℃까지 끓인 시럽을 머랭에 가늘게 넣으며 고속으로 휘핑합니다.

3 머랭이 미지근하게 식을 때까지 고속으로 휘핑해줍니다.

4 휘퍼를 들어 머랭이 리본 상태를 그리는지 확인한 후 마무리합니다.
　－ 파트 아 봉브의 완성

5 말랑한 상태의 버터를 조금씩 나누어 넣어주며 휘핑기로 고르게 섞어 줍니다.

6 매끈하게 섞여 광택이 나고 부드러워지면 완성입니다.

READY

우유 80g, 설탕 32g, 노른자 48g, 버터 130g

HOW TO MAKE

1 노른자에 설탕의 절반을 넣고 거품기를 이용해 휘핑해줍니다.

2 우유에 나머지 설탕을 모두 넣고 설탕이 녹을 정도로만 데워줍니다.

3 데운 우유를 **1**의 노른자 반죽에 조금씩 넣으며 고르게 저어주고 다시 냄비로 옮겨 담습니다.

4 약불에서 거품기로 쉬지 않고 저으며 반죽의 온도를 82℃ 까지 올려줍니다. - 계란이 익어 덩어리지는 것에 주의해주세요.

5 얼음물을 받친 볼을 준비하고 **4**의 반죽을 체에 걸러 30~35℃ 의 온도가 되도록 식혀줍니다. - 크렘 앙글레즈의 완성

6 크렘 앙글레즈에 부드러운 실온의 버터를 조금씩 나누어 넣어주며 매끈하고 광택이 나는 상태가 될 때까지 휘핑기로 섞어줍니다.

macarons
잼

잼이란, 과일에 당 처리를 해 저장성을 높인 과일조림의 일종으로 설탕에 의한 삼투압 현상으로 과일에 세균이 번식하는 것을 방지하여 오래도록 보관이 가능합니다. 잼을 만들기 위해 산, 펙틴, 당이라는 세 가지 요소가 필요합니다.

산이란, 과일에 함유된 것으로 과일의 당도나 종류에 따라 함량 정도가 다릅니다. 펙틴은 잼을 만드는 데 있어 응고제의 역할을 하는 것으로 펙틴의 함량이 적은 과일은 잼을 제조할 때 따로 펙틴을 첨가해줄 수 있습니다. 잼은 과일에 설탕과 펙틴을 넣고 은근히 졸여 수분을 날리고 퍼짐이 없는 상태로 만들어 사용하면 되는데, 이때 펙틴은 뭉침이 많아 설탕과 함께 섞어 입자를 떨어뜨린 후 사용하는 것이 좋습니다. 잼은 그 자체로도 마카롱에 굉장히 잘 어울리는 필링으로 사용되는데 버터크림에 함께 믹스해 사용하면 부드러운 맛을 한층 더 강조할 수 있습니다.

잼 만들기

후람보와즈잼

READY

산딸기과육 150g, 설탕 75g, 레몬즙 5g

HOW TO MAKE

1 칼로 자른 산딸기 과육을 냄비에 담고 즙이 배어 나오도록 약불로 가열합니다.

2 설탕을 넣고 설탕이 모두 녹도록 주걱으로 고르게 저어가며 끓입니다.

3 차가운 물을 담은 볼에 잼을 조금 떨어뜨려 보아 퍼짐이 없이 형태가 유지되면 불을 끄고 레몬즙을 넣어 섞어줍니다.

4 한김 식힌 후 랩을 씌워 냉장고에서 완전히 식혀서 사용합니다.

패션망고잼

망고과육 90g, 패션프루츠퓨레 60g, 설탕 90g, 펙틴 3g, 레몬즙 5g
*설탕에 펙틴을 섞어 준비해둡니다.

1 핸드 블렌더로 갈아 준비한 망고 과육과 패션프루츠퓨레를 냄비에 담고 약불로 가열합니다. – 이 레시피에서는 씨가 있는 패션프루츠퓨레를 사용하였습니다.

2 펙틴을 섞어둔 설탕을 넣어 설탕이 모두 녹도록 주걱으로 고르게 저어가며 끓입니다.

3 차가운 물을 담은 볼에 잼을 조금 떨어뜨려 보아 퍼짐이 없이 형태가 유지되면 불을 끄고 레몬즙을 넣어 섞어줍니다.

4 한김 식힌 후 랩을 씌워 냉장고에서 완전히 식힌 후 사용합니다.

블루베리카시스잼

블루베리과육 75g, 카시스퓨레 75g, 설탕 80g, 펙틴 3g, 레몬즙 5g
*설탕에 펙틴을 섞어 준비해둡니다.

1 핸드 블렌더로 갈아 준비한 블루베리과육과 카시스퓨레를 냄비에 담
고 약불로 가열합니다.

2 펙틴을 섞어둔 설탕을 넣어 설탕이 모두 녹도록 주걱으로 고르게 저
어가며 끓입니다.

3 차가운 물을 담은 볼에 잼을 조금 떨어뜨려 보아 퍼짐이 없이 형태가
유지되면 불을 끄고 레몬즙을 넣어 섞어줍니다.

4 한김 식힌 후 랩을 씌워 냉장고에서 완전히 식힌 후 사용합니다.

- 생과일이 없을 경우 냉동과일로 대체해 사용할 수 있습니다.
- 펙틴은 그대로 넣어 사용할 경우 덩어리가 생길 수 있으니 설탕에 섞어 사용하는 것이 좋습니다.
- 잼을 끓이는 중간중간 찬물에 떨어뜨려 보아 퍼짐이 없이 형태가 유지되는 것을 확인한 후 불에서 내려주면 됩니다.
- 잼은 식으면 조금 더 단단한 점도로 바뀌니 너무 뻑뻑한 상태까지 끓이지 않는 것이 좋습니다.

몽타주 Montage

몽타주는 각각의 재료를 조립해 하나의 제품으로 만든다는 뜻을 가지고 있는 프랑스어입니다. 멋진 코크와 부드러운 필링을 완성했다면 이제 몽타주를 할 차례입니다. 어떤 타입의 필링을 샌드하느냐에 따라 필링을 짜는 방법을 달리 할 수 있습니다. 필링이 가지고 있는 텍스처에 맞게 짜는 방법을 달리 해준다면 조금 더 예쁜 형태의 마카롱을 만들 수 있습니다.

가나슈 타입의 필링 몽타주

HOW TO MAKE

1 1cm 깍지를 이용해 중간에서 움직이지 않고 그대로 짜주어 볼록한 원의 형태가 되도록 만들어줍니다.

2 코크 위에 짠 가나슈가 단단해지기 전에 코크를 덮어줍니다.

3 양손으로 코크를 맞잡고 코크의 테두리까지 필링이 채워지도록 조심스럽게 눌러줍니다.

TIP
- 가나슈를 실온에서 서서히 굳히며 짜기 좋은 상태를 놓치지 않도록 자주 체크해주는 것이 좋습니다.
- 코크 위에 짜기 좋은 질감의 가나슈는 형태가 남으면서도 윤기가 있는 상태가 좋습니다.
- 짜놓은 가나슈는 금방 단단해질 수 있으니 재빨리 코크를 덮어주는 것이 좋습니다.

1 0.8cm의 깍지를 이용해 테두리를 따라 링을 그리듯이 짜줍니다.

2 가운데 비어 있는 부분까지 달팽이 모양을 그리듯이 크림으로 채워줍니다.

3 코크를 덮어 필링이 코크의 가장자리까지 균일하게 샌드되도록 조심스럽게 눌러줍니다.

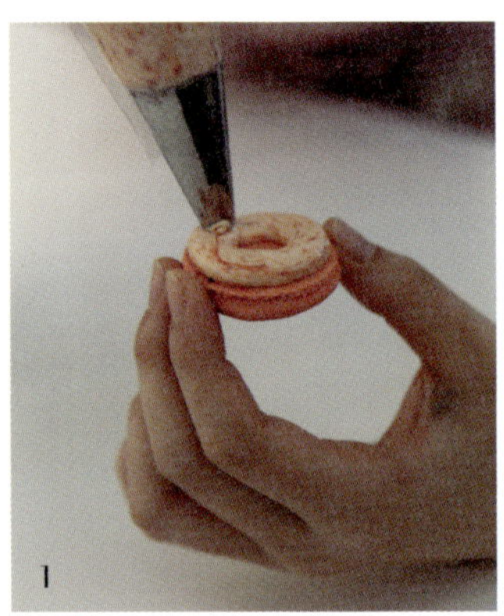

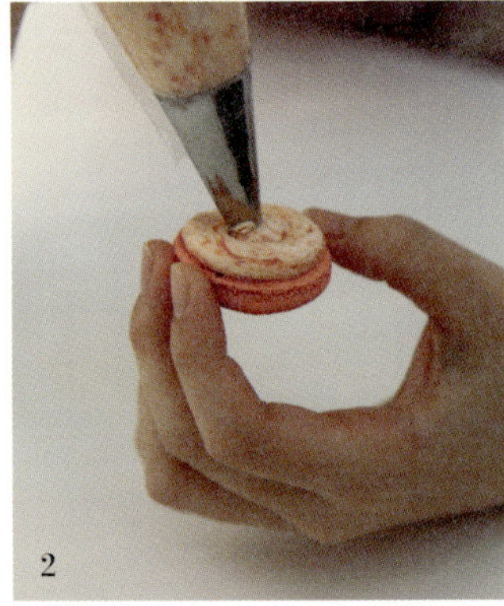

HOW TO MAKE

1 0.8cm의 깍지를 이용해 테두리를 따라 링을 그리듯이 짜줍니다.

2 가운데 비어 있는 부분에 잼을 짜 넣어줍니다.

3 코크를 덮어 필링이 코크의 가장자리까지 균일하게 샌드되도록 조심
스럽게 눌러줍니다.

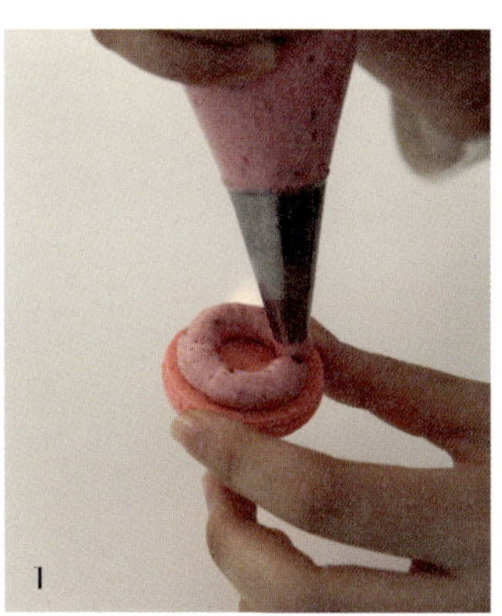

마카롱의 보관과 즐기는 방법

숙성과 보관

정성껏 만든 마카롱, 어떻게 먹어야 가장 맛있게 먹을 수 있는 걸까요?

두 개의 코크 사이에 달콤한 필링을 채워 즐기는 마카롱을 가장 맛있게 즐기기 위해서는 만든 직후에 바로 먹는 것보다 냉장고에서 24시간 보관 후 먹거나, 실온에서 2~3시간 정도 두었다가 먹는 것이 좋습니다. 이것은 마카롱을 이루는 코크와 필링이 서로 어우러질 수 있는 숙성시간을 주는 것으로 필링이 가진 수분이 코크에 적절하게 스며들어 한결 부드러운 코크를 맛볼 수 있고, 또한 코크와 필링이 한데 어우러지는 식감을 느낄 수 있기 때문입니다.

낮은 온도의 냉장고에서는 코크와 필링의 어우러짐이 천천히 진행되어 보다 안정적인 식감을 느낄 수 있고 실온에 놓아둔 마카롱은 빠른 숙성이 이루어지나 자칫 필링이 물러질 수 있으니 실온에 두어 숙성시킨 마카롱은 먹기 전에 냉장고에 넣어 살짝 차갑게 즐기는 것이 좋습니다.

파리의 많은 마카롱 전문점에서는 마카롱을 만든 직후 밀봉해 급속냉동시키는 방식으로 보관한다고 합니다. 급속으로 냉동을 시키기 때문에 수개월 동안 보관이 가능하고, 필요한 양만큼만 꺼내어 판매를 할 수 있기 때문이라고 합니다. 하지만 우리가 사용하는 가정용 냉동고는 급속으로 냉동을 할 수 있는 방식이 아니기 때문에 마카롱 전문점에서처럼 오랫동안 보관하기에는 무리가 있지만, 꼼꼼히 밀봉해 보관하면 냉동고에서 한 달 정도, 냉장고에서는 3일 정도 보관이 가능합니다. 냉동고에 보관한 마카롱을 해동하려고 할 때에는 밀폐용기에 담아 냉장고로 옮겨 서서히 해동시키는 것이 좋습니다. 마카롱은 항상 밀봉된 상태로 보관이 이루어져야 하며 공기중에 그대로 방치할 경우 수분이 날아가 퍼석한 마카롱이 될 수 있으니, 보관할 때에도 해동할 때에도 항상 밀폐용기에 담아두는 것을 잊지 마세요.

02
RECIPE
레시피

크기는 작지만 까맣고 윤기 나는 외형의
바닐라빈에는 놀랍도록 풍부한 바닐라 향이 담겨 있어요.
화이트 가나슈에 바닐라빈을 넣어주는 것만으로도
훌륭한 바닐라가나슈가 탄생한답니다.
까만 바닐라빈 씨앗이 콩콩 박힌 풍부한 향의
바닐라 마카롱을 만들어보세요.

바닐라마카롱

코크 : 프렌치 머랭법
가루류 아몬드파우더 75g, 슈가파우더 103g
머랭 흰자 64g, 설탕 37g, 난백가루 1g, 바닐라빈 1/2개

코크 : 이탈리안 머랭법
페이스트 아몬드파우더 150g, 슈가파우더 150g, 흰자 56g, 바닐라빈 1개
머랭 설탕 150g, 물 40g, 흰자 56g, 난백가루 1g

필링 : 가나슈
화이트초콜릿 150g, 생크림 120g, 바닐라 빈 1개, 바닐라익스트렉 1ts

1 바닐라빈의 씨앗과 껍질을 생크림에 넣어 따뜻한 상태로 데워줍니다.

2 중탕으로 녹인 화이트초콜릿에 바닐라빈의 껍질을 제거한 생크림을 조금씩 넣으며 주걱으로 원을 그리듯 저으며 섞어줍니다.

3 바닐라익스트렉을 넣고 매끈하게 섞어주고 핸드 블렌더로 고르게 갈아 유화시켜줍니다.

4 짜기 좋은 상태로 굳었는지 확인한 후 코크 위에 필링을 짜 올려 몽타 주해줍니다.

그윽한 커피 향기가 작은 마카롱 속에
가득 담겨진 카페마카롱은
은은한 커피 향기로 누구에게나 사랑을 받습니다.
비 오는 날 창가에 앉아 카페마카롱 하나와
부드러운 커피 한 잔을 함께한다면
분위기 있는 멋진 하루를 보낼 수 있을 거예요.

카페마카롱

코크 : 프렌치 머랭법

가루류 아몬드파우더 75g, 슈가파우더 103g

머랭 흰자 64g, 설탕 37g, 난백가루 1g, 커피엑기스 5g

코크 : 이탈리안 머랭법

페이스트 아몬드파우더 150g, 슈가파우더 150g, 흰자 56g, 커피엑기스 8g

머랭 설탕 150g, 물 40g, 흰자 56g, 난백가루 1g

필링 : 가나슈

화이트초콜릿 150g, 생크림 120g, 분쇄한 커피원두 10g, 커피엑기스 5g

HOW TO MAKE

1 따뜻하게 데운 생크림에 분쇄한 커피원두를 넣고 5분간 우려낸 후 체에 걸러 원두가루를 제거합니다.

2 **1**의 생크림에 커피엑기스를 넣은 뒤 다시 살짝 데워줍니다.

3 중탕으로 녹여둔 화이트초콜릿에 데운 생크림을 넣어 매끈하게 섞어주고 핸드 블렌더로 고르게 갈아 유화시켜 줍니다.

4 짜기 좋은 상태로 굳었는지 확인 후 코크 위에 필링을 짜 올려 몽타주 해줍니다.

진한 쌉싸름함이 그리울 땐
데블스마카롱을 만들어 즐겨요.
카카오 함량이 높은 초콜릿을 사용해
일반 초코마카롱보다 더욱 진하고
쌉싸름한 끝맛이 느껴지는 마카롱이에요.
진한 초콜릿의 맛이 부담스러울 땐
카카오 함량이 낮은
다크초콜릿으로 대체해도 좋아요.

데블스마카롱

코크 : 프렌치 머랭법

가루류 아몬드파우더 65g, 슈
가파우더 103g, 카카오파우더
10g

머랭 흰자 64g, 설탕 37g, 난백
가루 1g

코크 : 이탈리안 머랭법

페이스트 아몬드파우더 130g,
슈가파우더 150g, 흰자 56g, 카
카오파우더 20g

머랭 설탕 150g, 물 40g, 흰자
56g, 난백가루 1g

필링 : 가나슈

발로나 70% 다크초콜릿 150g,
생크림 150g, 전화당 22g ,버터
30g

1 생크림에 전화당을 넣어 전화당이 모두 녹도록 주걱으로 저어가며 따
뜻하게 데워줍니다.

2 중탕으로 녹여둔 다크초콜릿에 생크림을 조금씩 넣으며 주걱으로 원
을 그리듯 저으며 섞어줍니다.

3 부드러운 상태로 준비한 버터를 넣고 윤기가 나도록 매끈하게 섞어주
고, 핸드 블렌더로 고르게 갈아 유화시킨 후 랩핑해 실온에 두어 식혀
줍니다.

4 짜기 좋은 상태로 굳었는지 확인한 후 코크 위에 필링을 짜 올려 몽타
주해줍니다.

진한 초콜릿 속에 숨겨진 톡 쏘는 새콤함!
새콤한 신맛을 가진 열대과일
패션프루츠가 진한 다크초콜릿과 만나
반전 매력을 가진 마카롱으로 탄생했어요.
달콤하지만 새콤한 끝맛에 여성분들에게 인기가 좋아요.
제가 제일 좋아하는 마카롱이기도 하지요.

패션프루츠마카롱

코크 : 프렌치 머랭법

가루류 아몬드파우더 75g, 슈
가파우더 103g
머랭 흰자 64g, 설탕 37g, 난백
가루 1g, 노란색소 소량

코크 : 이탈리안 머랭법

페이스트 아몬드파우더 150g,
슈가파우더 150g, 흰자 56g, 노
란색소 소량
머랭 설탕 150g, 물 40g, 흰자
56g, 난백가루 1g

필링 : 가나슈

밀크초콜릿 150g, 패션프루츠
퓨레 70g, 버터 25g

1 패션프루츠 퓨레를 따뜻한 상태로 데워 준비합니다.

2 중탕으로 녹여둔 밀크초콜릿에 데워둔 퓨레를 넣어 매끈하게 섞어줍
니다.

3 부드러운 상태로 준비한 버터를 넣고 윤기가 나도록 매끈하게 섞어주
고, 핸드 블렌더로 고르게 갈아 유화시킨 후 랩핑해 실온에서 식혀줍
니다.

4 짜기 좋은 상태로 굳었는지 확인한 후 코크 위에 필링을 짜 올려 몽타
주해줍니다.

한입 깨물면 입 안 가득 민트 향의
상쾌함으로 물들이는 마카롱이에요.
상쾌한 민트 향과 쌉싸름한 다크초콜릿이 만나
맛있는 민트 향의 가나슈로 탄생했답니다.

민트마카롱

코크 : 프렌치 머랭법

가루류 아몬드파우더 75g, 슈가파우더 103g

머랭 흰자 64g, 설탕 37g, 난백가루 1g, 초록색소 소량, 파란색소 소량

코크 : 이탈리안 머랭법

페이스트 아몬드파우더 150g, 슈가파우더 150g, 흰자 56g, 초록색소 소량, 파란색소 소량

머랭 설탕 150g, 물 40g, 흰자 56g, 난백가루 1g

필링 : 가나슈

다크초콜릿 150g, 생크림 150g, 민트잎차 2g, 민트시럽 6g, 전화당 25g

HOW TO MAKE

1 따뜻하게 데운 생크림에 말린 민트잎을 넣고 3분간 우려냅니다.

2 체에 걸러 민트잎을 제거한 생크림에 전화당을 넣어 다시 살짝 데워줍니다.

3 중탕으로 녹여둔 다크초콜릿에 생크림을 넣어 매끈하게 섞어주고, 민트시럽을 넣어 핸드 블렌더로 고르게 갈아 유화시킨 후 랩핑해 실온에서 식혀줍니다.

4 짜기 좋은 상태로 굳었는지 확인한 후 코크 위에 필링을 짜 올려 몽타주해줍니다.

진한 말차 향기가 가득한 마카롱이에요.
말차 특유의 싱그러운 초록 빛깔이 마음을 편안하게 해주고
화이트 가나슈로 만들어진 부드러운 녹차 필링은
마음까지 힐링시켜준답니다.

그린티마카롱

코크 : 프렌치 머랭법

가루류 아몬드파우더 75g, 슈 가파우더 103g, 말차가루 5g

머랭 흰자 64g, 설탕 37g, 난백 가루 1g

코크 : 이탈리안 머랭법

페이스트 아몬드파우더 150g, 슈가파우더 150g, 흰자 56g, 말 차가루 5g

머랭 설탕 150g, 물 40g, 흰자 56g, 난백가루 1g

필링 : 가나슈

화이트초콜릿 150g, 생크림 120g, 말차가루 8g

HOW TO MAKE

1 생크림에 말차가루를 넣어 섞으며 함께 데워줍니다.

2 화이트초콜릿은 중탕으로 녹여 준비합니다.

3 화이트초콜릿에 생크림을 넣어 매끈하게 섞어주고, 핸드 블렌더로 고르게 갈아 유화시킨 후 랩핑해 실온에서 식혀줍니다.

4 짜기 좋은 상태로 굳었는지 확인한 후 코크 위에 필링을 짜 올려 몽타 주해줍니다.

얼그레이의 베르가못 향을 가나슈에
그대로 담은 마카롱이에요.
가나슈와 만난 얼그레이는 홍차 특유의 떫은
끝맛이 사라져 더욱 부드럽고
달콤하게 즐길 수 있어요.
홍차를 좋아하지 않는 분이라도
깊은 향과 부드러운 가나슈의 맛에
반할 수밖에 없는 마카롱이랍니다.

얼그레이마카롱

코크 : 프렌치 머랭법

가루류 아몬드파우더 75g, 슈가파우더 103g, 갈아둔 얼그레이잎 2g

머랭 흰자 64g, 설탕 37g, 난백가루 1g

데코 얼그레이잎 소량

코크 : 이탈리안 머랭법

페이스트 아몬드파우더 150g, 슈가파우더 150g, 흰자 56g, 갈아둔 얼그레이잎 4g

머랭 설탕 150g, 물 40g, 흰자 56g, 난백가루 1g

데코 얼그레이잎 소량

필링 : 가나슈

밀크초콜릿 150g, 생크림 135g, 얼그레이잎 7g, 버터 25g

1 따뜻하게 데운 생크림에 말린 얼그레이잎을 넣고 3분간 우려냅니다.

2 체에 걸러 얼그레이잎을 제거한 생크림을 다시 살짝 데워줍니다.

3 중탕으로 녹여둔 밀크초콜릿에 생크림을 조금씩 넣으며 섞어줍니다.

4 부드러운 상태의 버터를 넣고 매끈하게 섞어주고, 핸드 블렌더로 고르게 갈아 유화시킨 후 랩핑해 실온에서 식혀줍니다.

5 짜기 좋은 상태로 굳었는지 확인한 후 코크 위에 필링을 짜 올려 몽타주해줍니다.

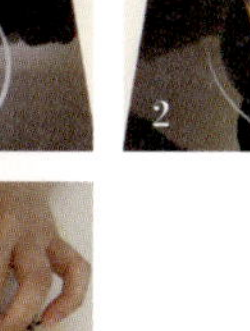

검은깨의 고소한 풍미가 마카롱 가득 담겨 있어요.
달콤하면서도 고소하고 버터크림 특유의
부드러운 식감으로 어른들은 물론 아이들도
좋아하는 마카롱이랍니다. 흑임자 페이스트가
없다면 잘 볶은 검은깨를 곱게 갈아
흑임자 페이스트 대용으로 사용해도
고소한 풍미를 그대로 느낄 수 있습니다.

흑임자마카롱

코크 : 프렌치 머랭법

가루류 아몬드파우더 75g, 슈
가파우더 103g
머랭 흰자 64g, 설탕 37g, 난백
가루 1g
데코 검은깨 소량

코크 : 이탈리안 머랭법

페이스트 아몬드파우더 150g,
슈가파우더 150g, 흰자 56g
머랭 설탕 150g, 물 40g, 흰자
56g, 난백가루 1g
데코 검은깨 소량

필링 : 이탈리안 버터크림

이탈리안버터크림 100g, 흑임
자 페이스트 10g, 곱게 갈아둔
검은깨 2g

1 이탈리안 버터크림을 만들어 준비합니다. (만드는 방법 p88)

2 완성한 이탈리안 버터크림에 흑임자 페이스트와 검은깨를 넣고 휘핑
기로 섞어줍니다.

3 짤주머니에 넣어 코크 위에 짜 올려 몽타주해줍니다.

 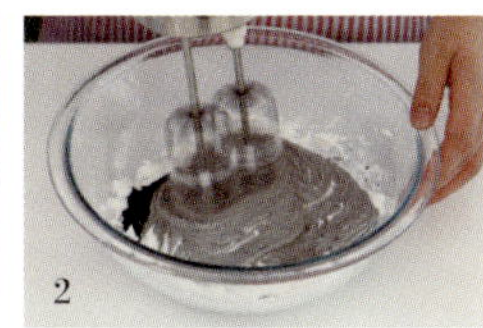 

씹을 때마다 산딸기씨가 톡톡 씹히는
새콤달콤한 후람보와즈마카롱은
언제나 여자들의 워너비 마카롱이랍니다. 잼을 만들어
그대로 필링으로 사용해도 좋고, 버터크림과 믹스해
부드러운 식감을 살려보아도 좋아요. 핑크빛 가득한
후람보와즈마카롱을 한입 베어무는 순간
사랑에 빠지게 될 거예요.

후람보와즈마카롱

코크 : 프렌치 머랭법

가루류 아몬드파우더 75g, 슈
가파우더 103g
머랭 흰자 64g, 설탕 37g, 난백
가루 1g, 분홍색소 소량

코크 : 이탈리안 머랭법

페이스트 아몬드파우더 150g,
슈가파우더 150g, 흰자 56g, 분
홍색소 소량
머랭 설탕 150g, 물 40g, 흰자
56g, 난백가루 1g

필링 : 이탈리안 버터크림

이탈리안 버터크림 100g, 후람
보와즈잼(크림용) 20g, 후람보
와즈잼 적당량

1 이탈리안 버터크림과 후람보와즈잼을 만들어 준비합니다(만드는 방법
p88, p93).

2 완성한 이탈리안 버터크림에 크림용 후람보와즈잼(크림용)을 넣고 휘
핑기로 섞어줍니다.

3 짤주머니에 넣어 코크 위에 링 모양으로 짜주고, 가운데 후람보와즈
잼을 짜 넣어줍니다.

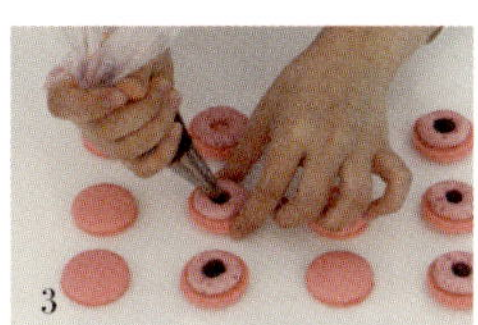

달콤쌉싸름한 맛이 조화롭게 공존하는 자몽의 풍부한 과육 향을
마카롱에 그대로 담았어요. 비타민C가 풍부해 피로회복과 함께 노화를
억제해주는 다양한 효능을 가진 낙원의 열매 자몽.
쫀득한 코크 사이에서 느껴지는 자몽 향을 즐겨보세요.

자몽마카롱

코크 : 프렌치 머랭법

가루류 아몬드파우더 75g, 슈
가파우더 103g

머랭 흰자 64g, 설탕 37g, 난백
가루 1g, 오렌지색소 소량, 레
드색소 소량

코크 : 이탈리안 머랭법

페이스트 아몬드파우더 150g,
슈가파우더 150g, 흰자 56g, 오
렌지색소 소량, 레드색소 소량

머랭 설탕 150g, 물 40g, 흰자
56g, 난백가루 1g

필링 : 이탈리안 버터크림

이탈리안 버터크림 100g, 자몽
즙 70g

1 이탈리안 버터크림을 만듭니다(만드는 방법 p88).

2 자몽즙을 절반의 양까지 약불로 졸여 준비합니다.

3 완성한 이탈리안 버터크림에 식힌 자몽즙을 넣고 휘핑기로 잘 섞어줍
니다.

4 짤주머니에 넣어 코크 위에 짜 올려 몽타주해줍니다.

코끝을 간지럽히는 오렌지 향의 크림과
쫀득한 코크, 달지 않으면서도 고급스러운 맛의
마카롱을 추천해달라고 하신다면
저는 오렌지마카롱을 적극 추천합니다.
풍부한 오렌지 향이 가득해
누구나 좋아하는 마카롱입니다.

오렌지마카롱

코크 : 프렌치 머랭법

가루류 아몬드파우더 75g, 슈
가파우더 103g

머랭 흰자 64g, 설탕 37g, 난백
가루 1g, 오렌지색소 소량

코크 : 이탈리안 머랭법

페이스트 아몬드파우더 150g,
슈가파우더 150g, 흰자 56g, 오
렌지색소 소량

머랭 설탕 150g, 물 40g, 흰자
56g, 난백가루 1g

필링 : 이탈리안 버터크림

이탈리안 버터크림 100g, 오렌
지즙 80g, 오렌지필 1개 분량

1 이탈리안 버터크림을 만듭니다(만드는 방법 p88).

2 약불에서 오렌지즙을 절반의 양까지 졸여 준비합니다.

3 완성한 이탈리안 버터크림에 식힌 오렌지즙과 오렌지필을 넣고 휘핑
기로 섞어줍니다.

4 짤주머니에 넣어 코크 위에 짜 올려 몽타주 해줍니다.

> **TIP**
>
> 오렌지필을 사용하기 전에 반드시 농약을 제거해주세
> 요. 굵은 소금으로 껍질을 문질러 씻은 후 베이킹소다로
> 다시 한 번 문질러 씻어주세요. 식초와 소금을 넣은 물
> 에 잠깐 넣어두는 것도 농약 제거에 도움이 됩니다.

유자마카롱은 직접 만든 유자청을 이용해도 되지만
시중에 나와 있는 유자청을 이용해 손쉽게
만들 수 있다는 것이 장점입니다.
뜨겁게 우려 낸 유자차 한 잔과 유자마카롱 한 개면
겨울 감기도 거뜬히 이겨낼 수 있답니다.

유자마카롱

코크 : 프렌치 머랭법
가루류 아몬드파우더 75g, 슈
가파우더 103g
머랭 흰자 64g, 설탕 37g, 난백
가루 1g, 노란색소 소량

코크 : 이탈리안 머랭법
페이스트 아몬드파우더 150g,
슈가파우더 150g, 흰자 56g, 노
란색소 소량
머랭 설탕 150g, 물 40g, 흰자
56g, 난백가루 1g

필링 : 이탈리안 버터크림
이탈리안 버터크림 100g, 유자
청 35g(크림용), 유자청 적당량

1 이탈리안 버터크림(만드는 방법 p88)과 유자청을 준비합니다.

2 완성한 이탈리안 버터크림에 유자청을 넣고 휘핑기로 섞어줍니다.

3 짤주머니에 넣어 코크 위에 링 모양으로 짜주고 가운데 유자청을 넣
은 후 코크를 마주 덮어 몽타주해줍니다.

콜레스테롤을 낮춰주는 효능이 탁월한 피스타치오.
피스타치오는 다른 견과류에서는 느낄 수 없는
독특한 향이 있답니다. 페이스트 형태의 제품을
사용해도 좋고 굵직하게 갈아 필링에 함께 넣어주면
씹는 맛을 함께 즐길 수 있어서 좋아요.

피스타치오마카롱

코크 : 프렌치 머랭법

가루류 아몬드파우더 75g, 슈가파우더 103g

머랭 흰자 64g, 설탕 37g, 난백가루 1g, 초록색소 소량

코크 : 이탈리안 머랭법

페이스트 아몬드파우더 150g, 슈가파우더 150g, 흰자 56g, 초록색소 소량

머랭 설탕 150g, 물 40g, 흰자 56g, 난백가루 1g

필링 : 파트 아 봉브 버터크림

파트 아 봉브 버터크림 100g, 피스타치오 페이스트 25g, 다진 피스타치오 커넬 8g

1 파트 아 봉브 버터크림을 만들어 준비하고(만드는 방법 p89), 170℃ 오븐에 속까지 구워낸 피스타치오 커넬을 곱게 다져줍니다.

2 파트 아 봉브 버터크림에 피스타치오 페이스트와 다진 피스타치오커넬을 넣고 휘핑기로 섞어줍니다.

3 짤주머니에 넣어 코크 위에 짜 올려 몽타주해줍니다.

헤이즐넛은 남녀노소 누구나 즐기는
고소함의 대표 견과류입니다.
달콤한 헤이즐넛 프랄린과 함께 씹을수록
고소한 헤이즐넛을 듬뿍 넣어 마카롱을
만들어보세요. 따뜻한 아메리카노 한 잔과
함께한다면 멋진 카페에 앉아
시간을 즐기는 것과 같을 거예요.

헤이즐넛프랄린마카롱

코크 : 프렌치 머랭법

가루류 아몬드파우더 65g, 슈가파우더 103g, 카카오파우더 10g

머랭 흰자 64g, 설탕 37g, 난백가루 1g

코크 : 이탈리안 머랭법

페이스트 아몬드파우더 130g, 슈가파우더 150g, 흰자 56g, 카카오파우더 20g

머랭 설탕 150g, 물 40g, 흰자 56g, 난백가루 1g

필링 : 파트 아 봉브 버터크림

파트 아 봉브 버터크림 100g, 헤이즐넛 프랄린 25g, 다진 헤이즐넛 10g

1 파트 아 봉브 버터크림을 만들어 준비하고(만드는 방법 p89), 170℃ 오븐에 속까지 구워낸 헤이즐넛을 곱게 다져서 준비합니다.

2 파트 아 봉브 버터크림에 헤이즐넛 프랄린과 다진 헤이즐넛을 넣고 휘핑기로 섞어줍니다.

3 짤주머니에 넣어 코크 위에 짜 올려 몽타주해줍니다.

부드러운 크림치즈를 듬뿍 넣은 마카롱도 좋지만
새콤달콤한 패션망고잼을 함께 넣어주어
두 가지 매력을 가진 크림치즈마카롱으로 만들었어요.
톡톡 튀는 맛의 패션망고잼이 고소한 크림치즈의
뒷맛을 개운하게 잡아주어 더욱 멋진 맛을
느낄 수 있는 크림치즈마카롱이랍니다.

크림치즈마카롱

코크 : 프렌치 머랭법

가루류 아몬드파우더 75g, 슈
가파우더 103g

머랭 흰자 64g, 설탕 37g, 난백
가루 1g, 노란색소 소량

코크 : 이탈리안 머랭법

페이스트 아몬드파우더 150g,
슈가파우더 150g, 흰자 56g, 노
란색소 소량

머랭 설탕 150g, 물 40g, 흰자
56g, 난백가루 1g

필링 : 파트 아 봉브 버터크림

파트 아 봉브 버터크림 100g,
크림치즈 80g, 패션망고잼 적
당량

1 패션망고잼과 파트 아 봉브 버터크림을 만들어 준비합니다(만드는 방
법 p94, p89).

2 실온 상태의 크림치즈를 주걱으로 부드럽게 풀어 준비합니다.

3 완성한 버터크림에 크림치즈를 넣고 휘핑기로 섞어줍니다.

4 짤주머니에 넣어 코크 위에 링 모양으로 짜주고, 가운데 패션망고잼
을 짜 넣어 몽타주합니다.

바닐라 향이 가득한 부드러운 버터크림에 짭조름한
소금을 넣어주어 마카롱을 만들었어요.
앙글레즈 방식의 버터크림을 사용해 고소하면서도 바닐라 향이 강하고
끝맛이 짭조름해 자꾸만 손이 가게 되는 마카롱이랍니다.

플뢰르 드 셀 (fleur de sel)
"소금의 꽃"이라는 의미의 플뢰르 드 셀은 프랑스 게랑드지방의 해안가에서 전통 수작업으로 얻어지는
소금으로 섬세하고 부드러운 짠맛과 짠맛 뒤에 오는 감칠맛 나는 단맛을 가지고 있어 프랑스의 최고급
바다소금으로 대우받고 있어요.

바닐라소금마카롱

코크 : 프렌치 머랭법

가루류 아몬드파우더 75g, 슈
가파우더 103g

머랭 흰자 64g, 설탕 37g, 난백
가루 1g, 파란색소 소량

코크 : 이탈리안 머랭법

페이스트 아몬드파우더 150g,
슈가파우더 150g, 흰자 56g, 파
란색소 소량

머랭 설탕 150g, 물 40g, 흰자
56g, 난백가루 1g

필링 : 앙글레즈버터크림

우유 80g, 설탕 32g, 노른자
48g, 버터 130g, 바닐라 빈 1/2
개, 소금 2g

1 계란에 설탕의 절반을 넣고 거품기를 이용해 휘핑해줍니다.

2 우유에 바닐라빈과 나머지 설탕을 모두 넣고 설탕이 녹을 정도로만
데워줍니다.

3 데운 우유를 계란에 넣으며 고르게 저어주고 다시 냄비로 옮겨 담습
니다.

4 약불에서 거품기로 쉬지 않고 저으며 반죽의 온도를 82℃까지 올려
줍니다. – 84℃가 넘으면 계란이 익어 덩어리질 수 있으니 온도에 주의하세요.

5 체에 거른 후 소금을 넣어 섞어주고 얼음물에 볼을 받쳐 30~35℃의
온도가 되도록 식혀줍니다. – 크렘 앙글레즈의 완성

6 크렘 앙글레즈에 부드러운 실온의 버터를 조금씩 나누어 넣어주며 매
끈하고 광택이 나는 상태가 될 때까지 휘핑기로 섞어줍니다.

7 필링을 짤주머니에 담아 코크 위에 짜 올려 몽타주해줍니다.

> **TIP**
>
> 소금은 프랑스 게랑드지방에서 생산되는 플뢰르
> 드 셀을 사용하면 더욱 깔끔한 맛의 소금 필링을
> 만들 수 있어요.

톡 쏘는 신맛을 가진 레몬을 버터크림 기법으로
부드럽게 재탄생시킨 마카롱이에요.
침샘을 자극하는 레몬의 상큼한 향은 살아 있으면서도
진한 버터의 부드러움이 더해져 기분이 우울한 날
레몬마카롱 한 개면 금세 툭툭 털고
일어날 수 있는 마법의 마카롱이랍니다.

레몬마카롱

코크 : 프렌치 머랭법

가루류 아몬드파우더 75g, 슈가파우더 103g

머랭 흰자 64g, 설탕 37g, 난백가루 1g, 노란색소 소량, 초록색소 소량

코크 : 이탈리안 머랭법

페이스트 아몬드파우더 150g, 슈가파우더 150g, 흰자 56g, 노란색소 소량, 초록색소 소량

머랭 설탕 150g, 물 40g, 흰자 56g, 난백가루 1g

필링 : 앙글레즈 버터크림

달걀전란 110g, 설탕 120g, 레몬즙 80g, 버터 190g, 레몬제스트 1개 분량

1 달걀을 풀어 설탕의 절반을 넣고 휘핑합니다.

2 냄비에 레몬즙과 나머지 설탕을 모두 넣고 따뜻하게 데워줍니다.

3 1의 계란반죽에 데운 레몬즙을 조금씩 넣으며 섞어줍니다.

4 반죽을 냄비로 옮겨 고르게 저어가며 82℃ 까지 끓여줍니다.

5 체에 걸러 레몬제스트를 섞고 얼음물에 받쳐 한김 식힌 후 부드러운 버터를 넣어 휘핑해줍니다.

6 필링을 짤주머니에 담아 코크 위에 짜 올려 몽타주해줍니다.

> **TIP**
>
> 레몬 제스트를 사용하기 전에 반드시 농약을 제거해주세요. 굵은 소금으로 껍질을 문질러 씻은 후 베이킹소다로 다시 한 번 문질러 씻어주세요. 식초와 소금을 넣은 물에 잠깐 넣어 두는 것도 농약 제거에 도움이 됩니다.

익히 알고 계시는 것처럼 블루베리의 효능은
한두 가지가 아니죠. 세계 10대 슈퍼푸드에 선정된
몸에 좋은 과일 블루베리와 톡 쏘는 풍미를 가진
카시스가 만나 마카롱이 되었어요.
달콤한 블루베리와 톡 쏘는 카시스의 풍미가
조화로운 블루베리카시스마카롱을 만들어
몸을 위한 힐링타임을 가져보세요.

블루베리카시스마카롱

코크 : 프렌치 머랭법

가루류 아몬드파우더 75g, 슈
가파우더 103g

머랭 흰자 64g, 설탕 37g, 난백
가루 1g, 보라색소 소량

코크 : 이탈리안머랭법

페이스트 아몬드파우더 150g,
슈가파우더 150g, 흰자 56g, 보
라색소 소량

머랭 설탕 150g, 물 40g, 흰자
56g, 난백가루 1g

필링 : 앙글레즈버터크림

달걀전란 110g, 설탕 120g, 카
시스퓨레 60g, 블루베리퓨레
30g, 버터 190g, 블루베리카시
스잼 소량

1 달걀을 풀어 설탕의 절반을 넣고 휘핑합니다.

2 냄비에 퓨레와 나머지 설탕을 모두 넣고 따뜻하게 데워줍니다.

3 **1**의 계란반죽에 데운 퓨레즙을 조금씩 넣으며 섞어줍니다.

4 반죽을 냄비로 옮겨 고르게 저어가며 82℃ 까지 끓여줍니다.

5 체에 걸러주고, 얼음물에 받쳐 한김 식힌 후 부드러운 버터를 넣고 휘
핑해 섞어줍니다.

6 짤주머니에 담아 코크 위에 필링을 짜 올려줍니다.

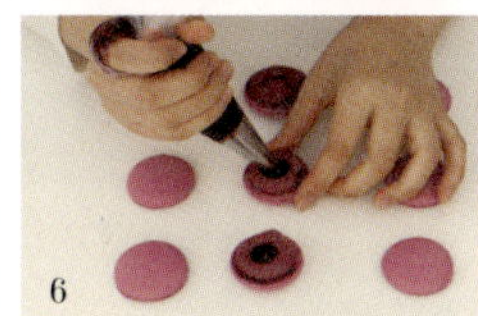

사계절마다 쏟아져나오는 싱싱한 제철과일이나 좋아하는 과일을
마카롱에 데코해주면 케이크 못지않게 맛있는 마카롱 케이크를 만들 수 있어요.
각각의 뚜렷한 색깔이 있는 우리나라의 사계절처럼, 봄, 여름, 가을, 겨울의
특별한 매력이 느껴지는 쁘띠 마카롱을 만들어보세요.

* 쁘띠마카롱은 1.5cm 깍지를 이용해 5cm의 사이즈가 되도록 짜주세요.

봄의 후람보와즈초코마카롱

필링 : 파트 아 봉브 버터크림을 이용한 초코크림
파트 아 봉브 버터크림 100g(만드는 방법 p89), 발로나 70% 다크초콜릿 40g, 키르슈 5g

HOW TO MAKE

1 초콜릿을 중탕으로 녹인 후 한김 식혀 준비합니다.
2 빠따봉브 버터크림에 중탕해 둔 초콜릿을 넣고 휘핑해줍니다.
3 키르슈를 넣어 매끈하게 섞어줍니다.

MONTAGE

1 별 모양 팁을 이용해 코크 바깥쪽에서 안쪽으로 필링을 짜 올려줍니다.
2 필링의 중간중간 산딸기를 넣어줍니다.
3 코크를 덮어줍니다.

여름의 트리플베리마카롱

콩포트

베리류 100g(블루베리 30g, 산딸기 40g, 복분자 30g)
설탕 10g, 반건조 무화과 20g, 건조 크랜베리20g, 건조 블루베리 20g, 건포도 20g

1 베리류를 갈아서 준비합니다.

2 반건조 무화과는 잘게 잘라 준비합니다.

3 갈아 준비한 베리에 설탕을 넣고 설탕이 모두 녹을 정도로 약불로 가열합니다.

4 건조과일을 넣고 자작하게 수분을 날려 졸여줍니다.

필링 : 베리가나슈

블루베리 30g, 산딸기 40g, 복분자 30g, 다크초콜릿 70g, 밀크초콜릿 30g

1 베리류를 갈아서 준비합니다.

2 갈아둔 베리를 냄비로 옮겨 약불로 데워줍니다.

3 따뜻한 상태의 베리를 중탕한 초콜릿과 섞어줍니다.

4 얼음물에 받쳐 짜기 좋은 농도로 굳혀줍니다.

1 별 모양 팁을 이용해 코크 바깥쪽에서 안쪽으로 필링을 짜 올려줍니다.

2 필링의 중간중간 블루베리를 넣어줍니다.

3 가운데 콩포트를 올려줍니다.

4 코크를 덮어줍니다.

가을의 몽블랑마카롱

**필링 : 파트 아 봉브 버터크림을
이용한 밤크림**

파트 아 봉브 버터크림 100g (만드
는 방법 p89), 밤 페이스트 70g

1 밤 페이스트에 파트 아 봉브 버터크림의 절반을 넣고 덩어리가 없도
록 휘핑합니다.

2 나머지 파트 아 봉브 버터크림을 모두 넣고 매끈해지도록 휘핑합니다.

필링 : 크림치즈 버터크림

파트 아 봉브 버터크림 100g (만드
는 방법 p89), 크림치즈 80g

1 크림치즈를 부드럽게 풀어 준비합니다.

2 파트 아 봉브 버터크림에 부드러운 상태의 크림치즈를 넣고 휘핑기로
섞어줍니다.

1 둥근 팁을 이용해 코크의 테두리를 따라 밤 필링과 크림치즈 필링을
번갈아가며 짜 올려줍니다.

2 가운데 껍질을 깐 밤을 올려줍니다.

3 코크를 덮어줍니다.

겨울의 펌킨마카롱

필링 : 이탈리안 버터크림

이탈리안 버터크림 100g(만드는 방법 p88), 단호박 페이스트 60g

1 부드럽게 익힌 단호박을 으깨어 페이스트 상태로 준비합니다.

2 이탈리안 버터크림에 단호박 페이스트를 넣고 매끈하게 휘핑해줍니다.

카라멜화한 견과류

호박씨 20g, 해바라기씨 20g, 아몬드 분태 20g, 물 10g, 설탕 30g, 버터 10g

1 냄비에 물과 설탕을 넣고 끓여 노릇하게 구워 준비한 견과류를 넣고 고르게 저으며 약불로 가열합니다.

2 카라멜화가 진행되어 갈색빛을 띠면 불을 끄고 버터를 넣어 섞어줍니다.

3 시트 위에 고르게 펼쳐 식혀줍니다.

1 별 모양 팁을 이용해 코크 바깥쪽에서 안쪽으로 필링을 짜 올려줍니다.

2 필링의 중간중간 큐브 모양으로 잘라 익힌 단호박을 올려줍니다.

3 가운데 카라멜화한 견과류를 올려줍니다.

4 코크를 덮어줍니다.

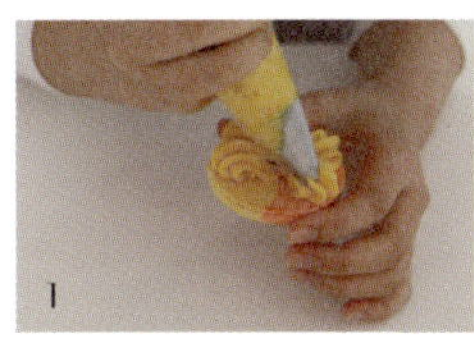

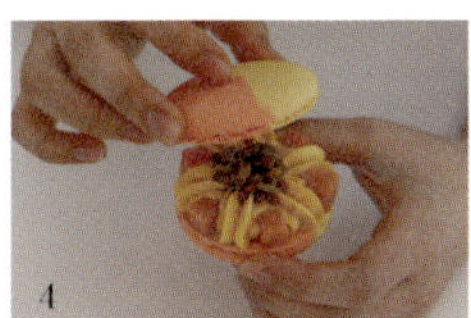

개성 가득 마카롱 데코레이션 팁 알고가기!

몇 가지 마카롱 데코레이션 팁을 익혀두면 보다 특별한 마카롱을 만들 수 있습니다.
초코릿과 카페마카롱 반죽을 이용해 두 가지 맛이 나는 마카롱을 만들 수도 있고, 또는 사랑스런 하트 모양
마카롱을 만들 수도 있어요. 개성이 가득한 사랑스럽고도 특별한 마카롱을 만들어보세요.

동글동글 단추 무늬 마카롱

1 두 가지 컬러의 반죽을 팁을 끼운 짤주머니에 담고 2cm 정도의 원을 만들듯 반죽을 짜줍니다.
2 다른 컬러의 반죽을 **1**의 반죽 위에 밀착시켜 짜주어 전체 사이즈를 3.5cm의 원이 되도록 만들어줍니다.

귀여운 하트 모양 마카롱

1 짤주머니를 비스듬히 기울여 잡고 물방울무늬를 그리듯이 꼬리를 뾰족하게 짜줍니다.
2 반대쪽도 동일한 방법으로 꼬리가 서로 맞닿도록 반죽을 짜줍니다.

1 반죽을 3cm의 동그란 모양으로 줍니다.
2 다른 컬러의 반죽으로 작은 동그라미를 짜줍니다.
3 이쑤시개로 위쪽에서부터 한 번에 긁어 하트 무늬를 만듭니다.

두 가지 컬러의 마블링마카롱

1 두 가지 컬러의 마카롱 반죽을 각각의 짤주머니에 담아 준비합니다.
2 두 개의 짤주머니를 함께 잡고 끝을 잘라내어 줍니다.
3 팁을 끼운 짤주머니에 반죽을 담은 짤주머니를 넣어 반죽이 함께 나올 수 있도
  록 위치를 잡아줍니다.
4 짤주머니를 단단히 잡고 동그란 모양이 되도록 반죽을 짜줍니다.

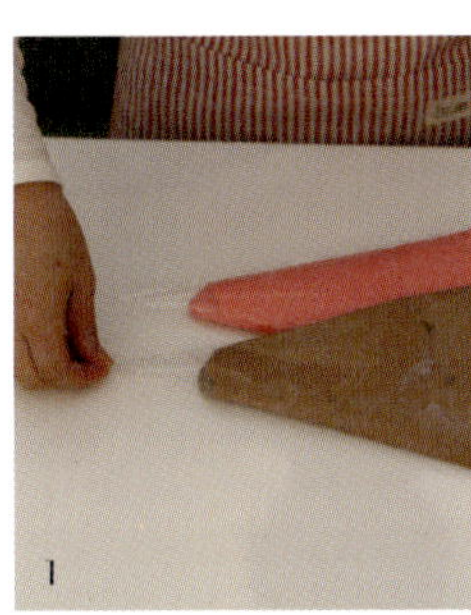 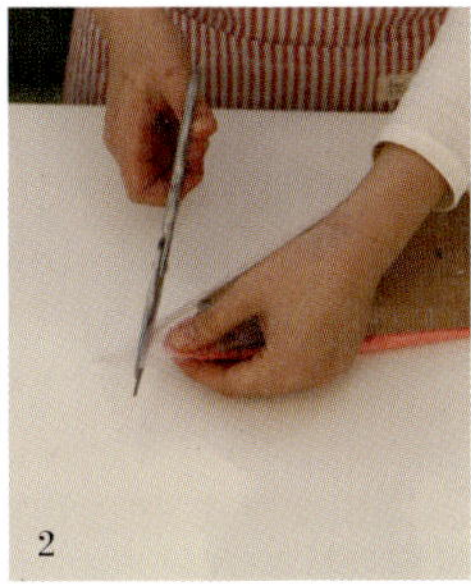 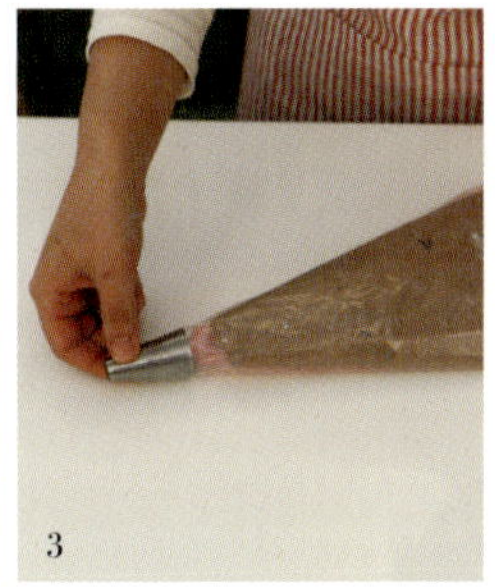 

파리에서 꼭 해야 하는 버킷 리스트 중 하나는 바로, 따뜻한 햇살을
받으며 사랑하는 사람과의 티타임을 즐기는 일이랍니다.
거리의 노천카페에서의 디저트와 홍차 한 잔도 훌륭하고
샹 드 막스 공원에 누워 에펠탑을 바라보며 마시는 커피 한 잔도 좋아요.
마치 파리지앵이 된 듯 그들과 함께 파리 오후의 여유로움을 즐겨보세요.
달콤한 마카롱과 함께라면 더욱 행복한 시간이 될 거예요.

Special
MACORON
SHOP
파리의 보석 같은
마카롱 숍

라뒤레 La durée

파리지앵 마카롱의 시작이라고 할 수 있는 라뒤레.
파리에 가면 꼭 한 번 들러봐야 하는 곳이에요.
외관부터 너무 사랑스러운 곳.
화려한 라뒤레의 패키지에 마카롱을
가득 담아 나오는 발걸음이 설렙니다.
라뒤레는 샹젤리제 거리에 위치하고 있어요.

Add. 75 Avenue des Champs Elysées
www.laduree.com

레 마키즈 드 라뒤레

Les Marquis de Ladurée

초콜릿을 메인 콘셉트로 한
라뒤레의 새로운 매장이에요.
럭셔리한 느낌의 라뒤레를 만나볼 수 있어요.
초콜릿을 주재료로 한 다양한 케이크,
마카롱, 초콜릿 등을 판매하고 있답니다.
튈리리 공원 근처에 위치하고 있습니다.

www.marquis.laduree.com

피에르에르메

Pierre Hermé

책으로도 많이 알려져 우리나라 사람에게
친숙한 피에르에르메. 우리나라에도 피에르에르메의
마카롱 숍이 입점해 있어 피에르에르메의
마카롱을 즐길 수 있지만, 파리의 공기를 품은
마카롱은 어쩐지 조금 더 특별한 느낌이랍니다.
피에르에르메 파리 본점은 생 제르맹 데프레 지역의
생 쉴피스 성당 근처에 위치 해 있으니
꼭 한 번 맛보세요.

www.pierreherme.com

포숑 Fauchon

검은색과 핑크색의 화려한 외관이
시선을 사로잡는 포숑.
100년이 넘는 전통을 자랑하지만 실내의 인테리어나
외관은 젊은 층을 사로잡기에 충분한 멋을 뽐낸답니다.
마카롱을 포함해 초콜릿과 함께
다양한 식료품 또한 구매할 수 있어요.
마들렌역의 마들렌성당 근처에 위치하고 있어요.

Add. 30 Place de la Madeleine
www. fauchon.com

로셀 Roussel

진열장을 가득 채운 마카롱과 초콜릿이
가슴을 설레게 했던 곳이에요.
친절했던 직원들과 깔끔한 실내 분위기가
기억에 남는 곳이에요.
마카롱의 맛도 유명 숍 못지않게 훌륭했어요.
몽마르뜨 언덕 사크레쾨르 대성당
정문 근처에 위치하고 있어요.

www.roussel-chocolatier.com

안젤리나 Angelina

길게 늘어선 줄이 안젤리나의
인기를 실감나게 해준답니다.
안젤리나의 인기 메뉴 몽블랑만큼이나
부드럽고 맛있는 안젤리나표 마카롱.
오페라역의 방돔광장 근처에 위치하고 있어요.

Add. 226 Rue de Rivoli

스토레 Stohrer

스토레는 200년의 전통을 가지고 있는
베이커리랍니다. 다양한 케이크와 달콤한 과자들
사이에 알록달록 마카롱을 만나실 수 있어요.
레알역의 에티엔 마르셀 거리에 위치하고 있답니다.

Add. 51 Rue Montorgueil
www. stohrer.fr

미쉘 클뤼젤

Michel Cluizel

초콜릿의 장인으로 유명한 미쉘 클뤼젤의
초콜릿 숍이에요. 장인의 솜씨로 탄생한 초콜릿을
필링으로 사용한 다양한 마카롱을 만나볼 수 있어요.
방돔광장 생로크교회 근처에 위치해 있습니다.

Add. 201 Rue Saint Honoré
www.chocolatmichelcluizel.com

마카롱 만들기의 모든 것

파리지앵
마카롱

초판 1쇄 발행 2014년 1월 20일
초판 13쇄 발행 2019년 3월 8일

지은이 구성희
펴낸이 이지은
펴낸곳 팜파스
진행 이진아
편집 정은아
디자인 올디자인
마케팅 정우룡
인쇄 (주)미광원색사

출판등록 2002년 12월 30일 제10-2536호
주소 서울시 마포구 어울마당로5길 18 팜파스빌딩 2층
대표전화 02-335-3681
팩스 02-335-3743
홈페이지 www.pampasbook.com ｜ blog.naver.com/pampasbook
이메일 pampas@pampasbook.com ｜ pampasbook@naver.com

값 15,000원
ISBN 978-89-98537-37-1 13590

ⓒ 2014, 구성희

이 책의 일부 내용을 인용하거나 발췌하려면 반드시 저작권자의 동의를 얻어야 합니다.
잘못된 책은 바꿔 드립니다.

「이 도서의 국립중앙도서관 출판시도서목록(CIP)은 서지정보유통지원시스템 홈페이지
(http://seoji.nl.go.kr)와 국가자료공동목록시스템(http://www.nl.go.kr/kolisnet)에서
이용하실 수 있습니다.(CIP제어번호: CIP2013029249)」

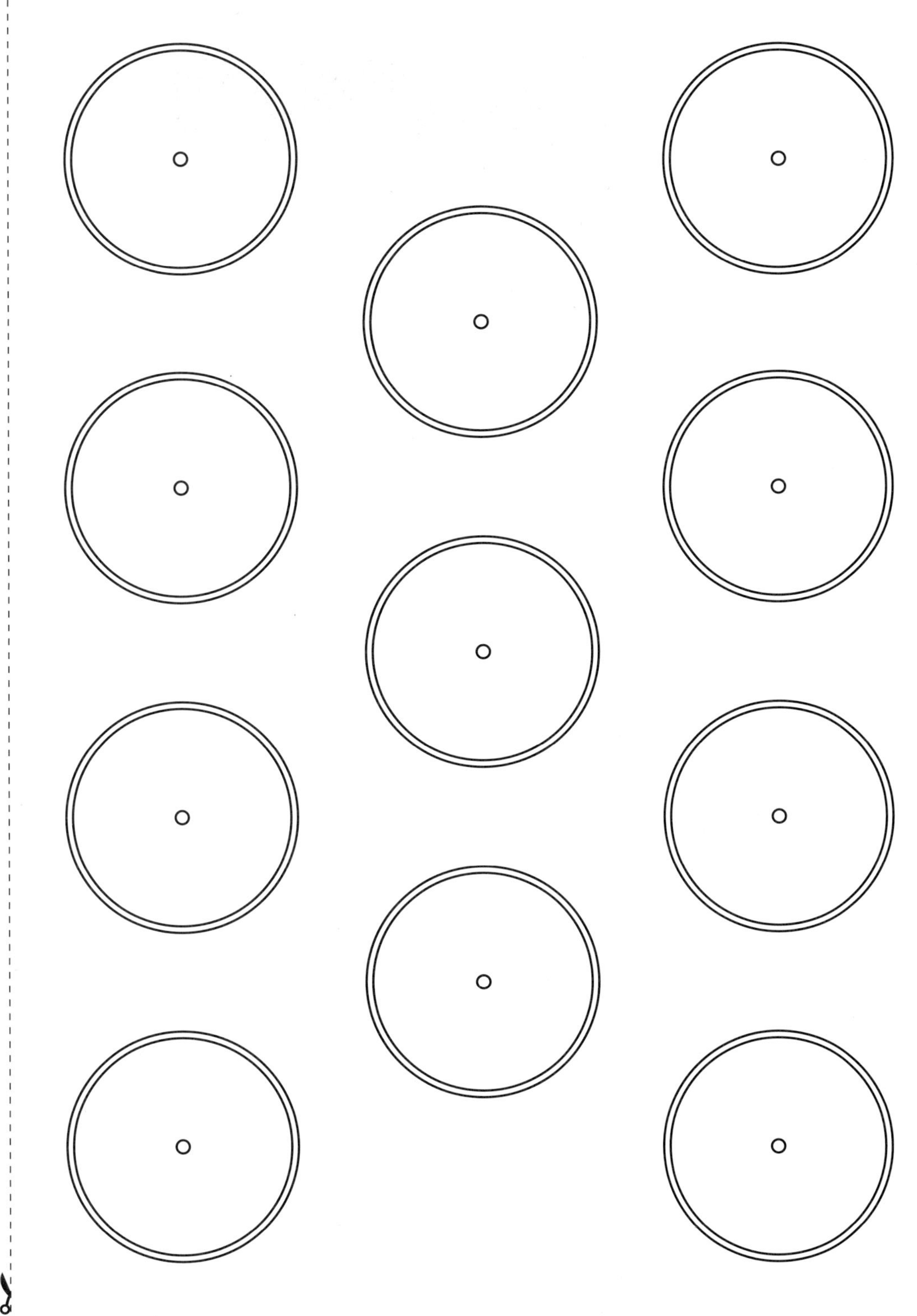

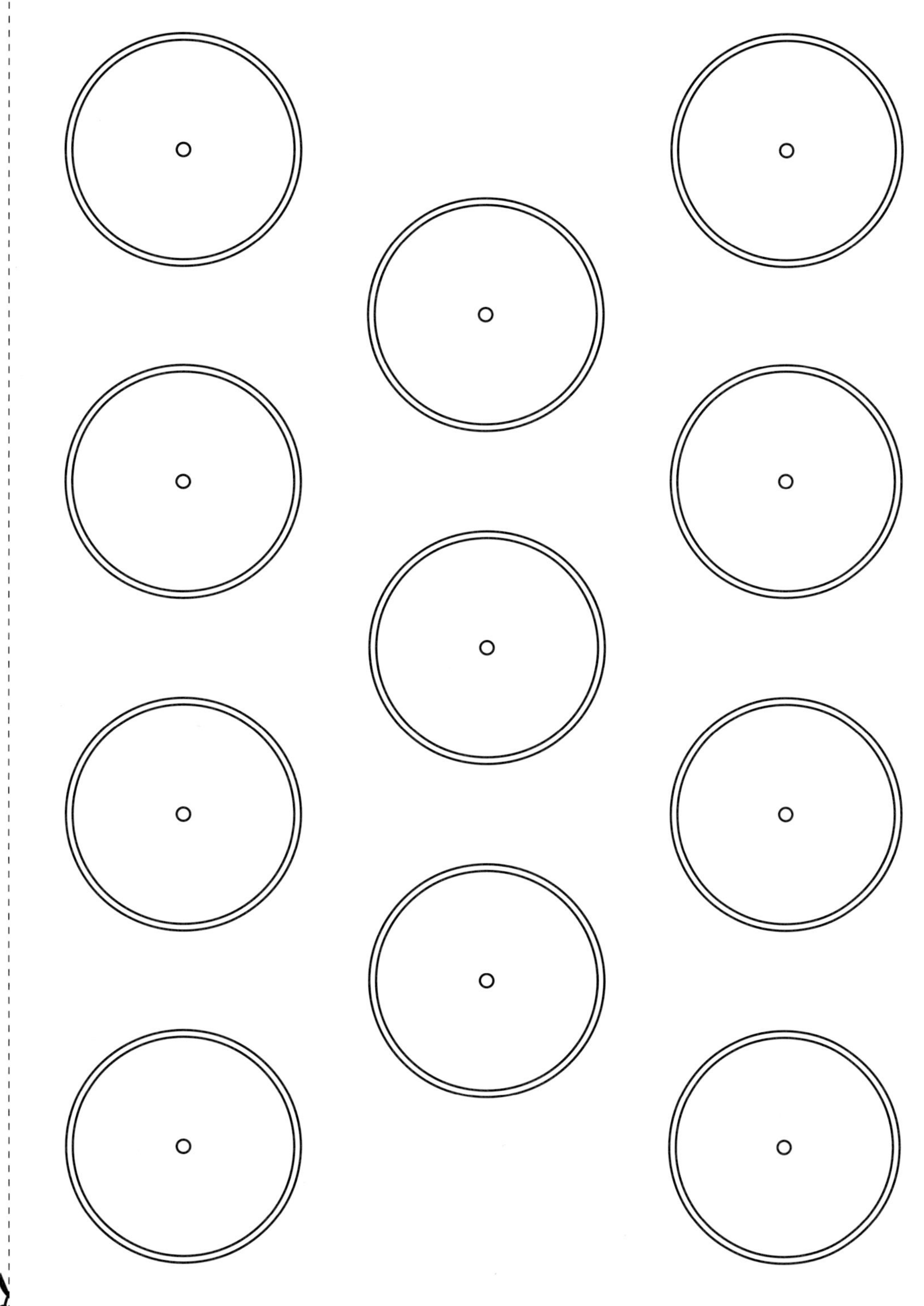